THE APPRECIATION OF LUXURY VILLA

豪 宅 美 墅 赏 析

先锋空间 编

華中科技大學出版社
http://www.hustp.com
中国 · 武汉

我的理想居所

简介：毕业于鲁迅美术学院环境艺术系，是目前中国炙手可热的室内设计师。张成喆的设计以冷静、简洁并富有创意的设计而著称，他认为室内设计如同服装设计，材质、色彩、造型可以随流行趋势而变，但逃脱不开其最核心的价值与理念。他的设计作品常发表设计类媒体如《安邸AD》。2007年出版个人作品集《喆思空间》。
设计之外，张成喆更是一个生活艺术家，喜欢随性洒脱、飘逸不羁的生活。他认为，要做一个好设计师，首先一定要做一个好的生活家，爱生活，才能有更多好的作品，这就是张成喆的设计秘诀，也是他的生活哲学。

历年获奖

2017　ID+G金创意奖－样板房空间类金奖
2017　德国Iconic设计奖最佳室内设计
2017　“美国TOP100全球影响力华人设计师”大奖
2017　意大利A' Design设计奖室内空间金奖
2016　iF设计奖－最佳办公空间
2016　A&D Trophy Award－最佳商业空间
2016　Red Dot红点奖
2015　法国双面神INNODESIGN PRIZE国际大奖金奖

1923年，雷曼湖畔一对退休夫妇的小屋（Une petite maison）开工了，那是一所面积不过60㎡的住宅。一个颇为狭长的空间内——长20m，宽3m，面湖的整面墙上只有一扇条形窗户，这扇窗的长度从起居室开始经寝室延伸至浴室结束，足有11m长，令人凝神的阿尔卑斯山和雷曼湖的风光尽在眼前。住宅有许多为人称道的细节：给宠物专用的眺望窗和眺望台、为行动不便的老人特别设计的开关等等，屋子的女主人在这里一直生活到101岁。设计这座住宅的是主人的儿子——勒·柯布西耶，他十几岁时特为母亲设计的裁缝桌至今完好地陈设于屋内。

这在我看来这是一个有关环境、房子与人（与动物）的温情故事。对我而言，得天独厚的居所并不需要多余的形式。在不同的城市旅行的经验使我常设想：如果从鸟的视角看城市，那么，建筑之间的差异会变得很小。这使我保持清醒：居住最基本的要素没有变。湖畔小屋开工的同一年，柯布西耶发表了他的重要宣言，提出“建筑是居住的机器”的论述。此后的近百年中，尽管建筑的形式衍生了丰富的变化，但我们不得不承认，时至今日柯布西耶所指的居住的本质并没有改变。

我理想的居所应该拥有美丽的自然景观、背山面海、开阔的田野、森林中的木屋、乡村、山脉、春天满山遍野盛开的野花、鸟鸣、自然界的动物繁衍，这些环境因素远胜于房子本身。抑或是一个有历史，有故事的旧居甚佳，因为它承载着悠久的历史，承载着丰富的故事。作为一名设计师更愿意在这个基础之上，保留着那些悠久的历史痕迹，添加入一些自己的设计元素。虽然那些老旧的整体布局显得有些不合理，基础显得那样的不合时宜，但却阻止不了它成为一个独一无二的绝佳居住环境。

有人说：“家的模样，决定生活的模样”，但我觉得反过来同样成立，那就是“你生活的模样，决定了家的模样”。所以，从职业的角度，我会从“生活方式——室内——建筑”来思考。如果以此来打造自己的居所，那将会非常的完整与完美，房子在周遭的环境中显得那样自然，不管是建筑本身，还是室内的空间都将与周边的环境息息相关，处处显露出自然与朴实的风格。室内设计也应该保持和追求在某种程度上与建筑一致的基调和脉络，并形成设计上所拥有的独一无二的风格。家可以奢华，当然也可以朴实无华。

我自己的房子，首先想到的是有一个大厨房，功能一应俱全，并已达到专业化标准的厨房，这是居住的基本要素。我还需要一个画室，在那里进行创作与绘画，那里将是一个充满了想象、安静、并让人精神上产生愉悦的一个空间。其他的空间不一味地追求大，但一定需要依照主人的个性与生活方式来制造空间，而不是按照现行的常规标准来设计自己的空间。如果房主是一名运动员，他就需要一个供自己训练和健身的空间场所。所谓订制也就是按照自己的生活方式，而不是一味地去迎合时下的设计风格去进行设计规划。如果根据自己的独特性来设计自己的理想空间。或许你会发现卧室、客厅都不需要那么大的空间。不同的生活方式可以制造出不同空间，作为我自己的话，我会养一只大狗，如果空间再大的话，我甚至可能养一匹马。

将情绪、爱好都纳入自己的居所中，却不一定要有很大的房子或周边有很绚丽的景观。只要你拥有一颗热爱生活的心，就会用心为生活营造出那座只属于你的独一无二的居所。“家是人们在世界中的一角”，人，始终是房屋中最重要的元素，如果没有人的存在，所有栖居的理想将不复存在。

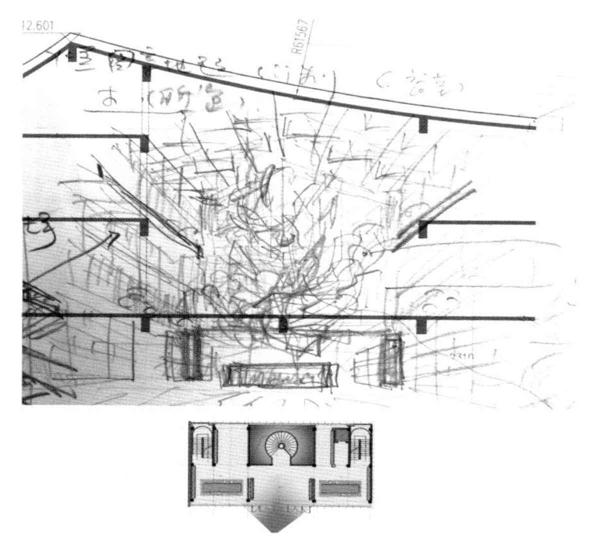

张成喆
Alessio Zhang
IADC涞澳设计有限公司
创始人兼创意总监

CONTENTS

FRENCH STYLE 法式风格

风格概述

法式风格，指法国的传统建筑和家具风格，是欧洲家具和建筑文化的顶峰。布局强调轴线对称，营造气势恢宏、高贵典雅的氛围。

家具

法式家具在色彩上以米黄色、白色、原色居多，整体上庄重大方、典雅高贵。

色彩

法式风格推崇自然、不矫揉造作的用色，比如清新自然的象牙白和奶白色。

软装布艺

法式风格的布艺注重质感和颜色的协调，多运用亚麻材质，色彩和纹样注重浪漫、富丽的表达方式。

配饰

法式风格配饰非常随性、注重怀旧，有故事的旧物就是最佳的装饰品。

AMERICAN STYLE 美式风格

风格概述

美式风格源于美国的装修和装饰风格，糅合各民族地区的装饰装修和家具风格，宽大舒适，注重细节。

家具

美式风格家具主要植根于欧洲文化，线条强调简洁明晰，装饰讲究优雅得体。

色彩

当代美式风格喜好从大自然提取色彩，以自然色调为主，最为常见的颜色为绿色、土褐色、棕红色。

软装布艺

美式风格中布艺元素非常重要，材质以棉麻为主，款式简洁大气、强调营造舒适的氛围，注重简单的设计风格。

配饰

美式风格细节考究，雕刻造型有上百种，古典中略带随性，充分表现出西部风情的粗犷、自然、随性。

NEOCLASSICAL STYLE 新古典风格

风格概述

新古典主义又称古典复兴，它讲究形散神不散、讲求风格、追求神似，具备古典与现代的双重审美效果。

家具

新古典家具式样精炼、做工讲究、传承鼎新、以简饰繁、融合古朴与时尚，成为新古典家具的生动体现。

色彩

新古典主义风格中常见的主色调有白色、金色、黄色、暗红，少量白色糅合，凸显尊贵雍容。

软装布艺

新古典主义风格布艺多采用绸缎或植绒类材料，质感舒服的麻和纯自然优雅的面料，如棉、丝绸、羊毛等。

CONTENTS

MODERN STYLE 现代风格

风格概述

现代风格即现代主义风格，也称功能主义。空间讲究宽敞和实用性，在装饰与布置中最大限度地体现空间与家具的整体协调。

家具

现代风格家具造型多以简洁或者几何图形的线条为主，种类主要有简洁新潮的板式家具及金属、玻璃家具。

色彩

现代风格色彩讲究单一，多使用纯净的色调，如黑色、白色、灰色，也可用红色、橙色、绿色等单面墙做跳色。

陈设配饰

现代风格室内配饰服从整体空间的设计主题，多以现代感的几何造型和丰富多元的现代材质为主。

NEW CHINESE STYLE 新中式风格

风格概述

新中式风格是传统中式家居风格的现代生活理念，通过选择性摄取传统家居的造型和装饰，对传统造型元素大胆地进行简化、变形、重组，甚至进行功能置换。

家具

新中式家具以完美的家具比例、借用传统元素及融合合理的现代材质为基础进行设计。

色彩

新中式风格色彩注重和谐搭配，基色通常选择淡色，营造出富有中国韵味的禅意空间。

软装布艺

新中式风格的布艺选用仿丝、丝绸、纱等轻盈精致的面料，多用传统图案及配色，删繁就简、注重细节、讲究对称。

配饰

新中式风格的主体饰品一般为传统中式饰品，删繁就简，流畅地表达出传统文化的精髓。

SOUTHEAST ASIAN STYLE 东南亚风格

风格概述

东南亚风格结合了东南亚民族岛屿特色和精致文化品位的家居设计，原始自然、色泽鲜艳、崇尚手工。

家具

东南亚风格家具崇尚自然、原汁原味，以藤、木皮、棉麻、椰子壳等粗糙原始的纯天然材质为主，常就地取材。

色彩

东南亚风格色彩大面积采用蓝色、紫色、黄色等强烈的对比色。采用原始材料的色彩进行搭配，配色自然。

软装布艺

东南亚家具用各样色彩艳丽的布艺装饰，采用标志性的炫色系列（多为深色系），搭配遵循简单原则。

配饰

东南亚风格的配饰大多以纯天然的藤、竹、柚木为材料，纯手工制作而成，造型艳丽华贵，别具一格。

FRENCH STYLE 法式风格

风格概述

法式风格，指法国的建筑和家具风格。主要包括法式巴洛克风格、洛可可风格、新古典风格以及帝政风格等，是欧洲家具和建筑文化的顶峰。布局上，突出轴线的对称、恢宏的气势、豪华舒适的居住空间；细节处理上，运用了法式廊柱、雕花、线条等元素，制作工艺精细考究；风格上，效仿贵族风格，高贵典雅，将建筑点缀在自然中，在设计上讲求心灵的自然回归感，给人一种扑面而来的浓郁自然气息。

色彩

法式风格推崇自然、不矫揉造作的用色，比如清新自然的象牙白和奶白色，搭配富丽的金色、红色、蓝色及浪漫的紫色，在淡雅宜人的基调中渲染出高雅浪漫的情调。在家具配色上，以白色、金色、深木色为主调，常用洗白处理与华丽配色，秉持典型的法式风格搭配原则。

家具

法式家具可以分成新古典、哥特式、洛可可、巴洛克四种，在色彩上以米黄色、白色、原色居多，素雅纯净、单纯质朴。布局上，突出轴线的对称，恢宏的气势，高贵典雅。细节处理上，注重雕花、线条，制作工艺精细考究。整体上庄重大方、典雅高贵。家具配饰上，常见各种复杂装饰雕刻如花、叶、动物、天使面庞等，绝大部分的法式家具都覆以闪亮的金箔涂饰，同时椅背、扶手、椅腿均采用涡纹与雕饰优美的弯腿，其中椅腿以麻花卷脚（即狮爪脚）最为常见。

绿植花艺

法式风格中，鲜花是浪漫的代名词，是法国人生活中不可或缺的软装装饰。法式花艺以自然、鲜明的色彩和饱满大气的造型丰富了空间的设计感，给人丰富、美好的生活体验。在花艺选择上，法式花艺注重花材的质感及整体花形的协调性和饱满性，花束立体感强，色彩搭配鲜明浪漫，比如大朵浓丽的玫瑰，优雅的百合及绣球花常用于法式风格的居室中。

运用元素

法式风格的运用元素包括花艺元素、银制餐具、印象派油画及洛可可风灯具等。花艺元素如玫瑰花、鸢尾花、金百合及卷草藤叶茎类的植物，在法式风格的体现中起到不小的作用，例如散发着法式的浪漫风情的清新小碎花布艺、小碎花家纺、色彩大胆的窗帘、淡雅图案的地毯，甚至是在家具的元素上，都可以看见它们的踪影；印象派油画散发浓郁的法式浪漫风情；以洛可可风格为主的灯具，如吊灯和壁灯，造型复杂，起到点睛的作用。

配饰

法式风格不仅舒适，还洋溢着一种文化气息，因此雕塑、工艺品等是不可缺少的装饰品。此外，具有典型代表性的油画、精美的小块壁毯、作旧的金色壁纸、陶瓷器、小件家具、灯具、镜子、古董等都可以作为配饰使用。配饰选择上，非常随性，注重怀旧，有故事的旧物就是最佳的装饰品。

软装布艺

精致法式居室氛围的营造，重要的是布艺的搭配。在布艺选择上，窗帘、沙发套、桌布等注重质感和颜色的协调，同时也与墙面色彩及家具合理搭配。除多运用象征富裕生活的亚麻外，木棉印花布、手工纺织的毛呢、粗花呢、法式的布艺、丝绒、绸缎、薄纱等精致面料的布艺制品也常见于法式家居之中。布艺色彩和纹样上也是注重浪漫富丽的气质，多选用紫色、粉色、大红、宝蓝等色彩，并被赋予精致浪漫的花鸟纹样。

GRACE EUROPEAN-STYLE HOME

优雅欧式风情家

项目名称：北京天著三期平墅 地点：北京 面积：323 ㎡

主设计师：黄岱崇、周秀美

元素细节：金属装饰——不仅是奢华

设计师通过对欧式元素与材质的精确把握，将优雅从容的气质毫不张扬地显现出来。随处可见的金属装饰、奢华有质感的雕饰和银色金属餐具、摆件，结合光线的变化，增加了变化效果。反光玻璃镜外框通过欧式经典曲线、精益求精的细节处理、极强的设计感和奢华感被再次提炼，完美融入到居室中，体现奢华的时尚感。营造欧式居室氛围不只是豪华大气，更多的是惬意和浪漫。

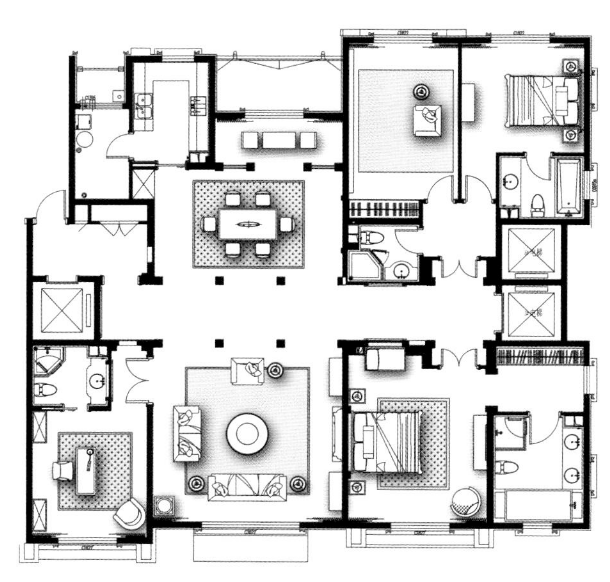

一层平面图

设计说明

业主非常注重细节，要求典雅而有气质的精致家居氛围。本案的主要色调为原木色、灰尘漆及金色，搭配驼色、紫红色表现法式优雅风情。驼色有不矫揉造作的温暖品质感，充满对生活平常心的成熟思绪，搭配深木色家具，呈现出深邃的空间品质感，而紫红色则呈现出女性的柔美风情。

在本案中设计师运用了 TIKANNA 品牌灯饰，这一灯饰品牌也代表了一种精致的生活态度，它的大气与华贵赋予了 RISE SUN 光和思想的灵魂，是古典与现代的完整融合，犹如一件走在时尚前列的艺术藏品。

灯具选择：别出心裁的灯饰配置

居室中规整的餐厅布局和横梁、顶棚的处理将视觉自然地集中到餐桌的上方，一盏水晶琉璃金属吊灯在华丽之余更不失精致品位。璀璨夺目的弯曲金属灯臂上点缀着紫色和白色的水晶，散射出星光点点的华丽光源，不仅制造了别出心裁的耀眼风格，还能平稳气场。除此之外，吊灯在吸顶灯的辅助下将餐厅区域照耀得格外明亮舒适。

色彩搭配：
粉紫＋金色＝唯美高贵

卧室里的整体设计舒适典雅，又不乏高贵，室内简练而富有变化的线条充满浓浓的浪漫诗意。粉紫色的床品搭配落地式窗帘，让整个卧室看起来是那样的温馨浪漫，带给家人不尽的舒适感。在边柜、床头柜及灯饰的色彩配置上，添上少量的金色点缀，让空间显得十分的高贵，提升华美质感。

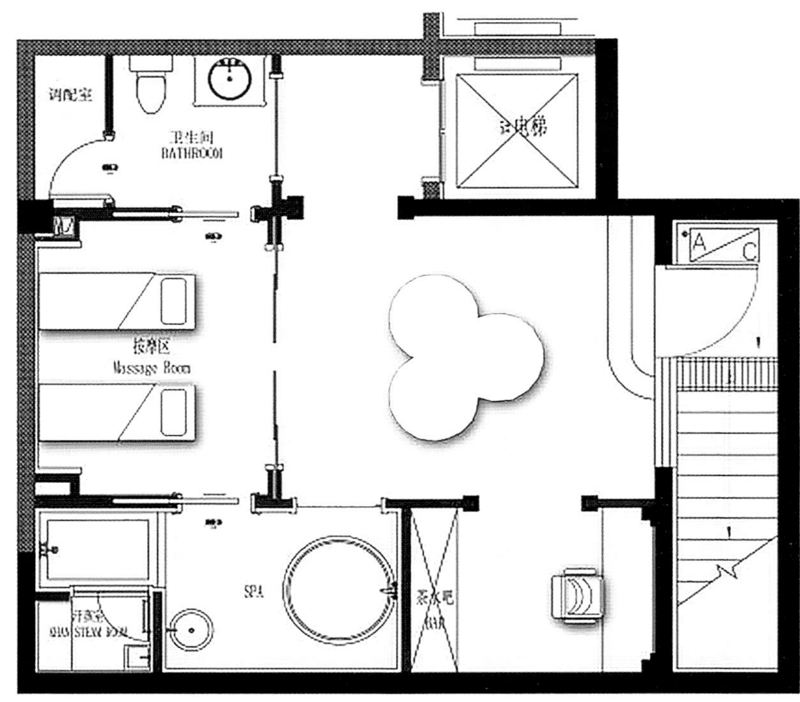

SPA区布置图

尚层装饰（北京）有限公司杭州分公司 设计作品

ELEGANT PALACE STYLE, CLASSICS-SUPREME ROMANCE

典雅宫廷风 经典至上的浪漫

项目名称：青山湖玫瑰园月弦苑19幢 地点：浙江 面积：1000㎡

设计师：方幼松、陶俊华 摄影：林峰

软装布艺：曼妙优雅的窗饰层叠营造

在宽阔空间中营造欧式宫廷的复古典雅之风，垂下的窗帘极其引人注目，层层叠叠的曼妙姿态主宰着空间的韵律与基调。柔滑的丝质面料窗帘搭配窗纱，附以花边、窗幔的组合，百褶的形式层次丰富，色彩错落有致。而麻布印染的窗幔呼应背景墙的图案，让居室自然溢出高贵雅致的气息。

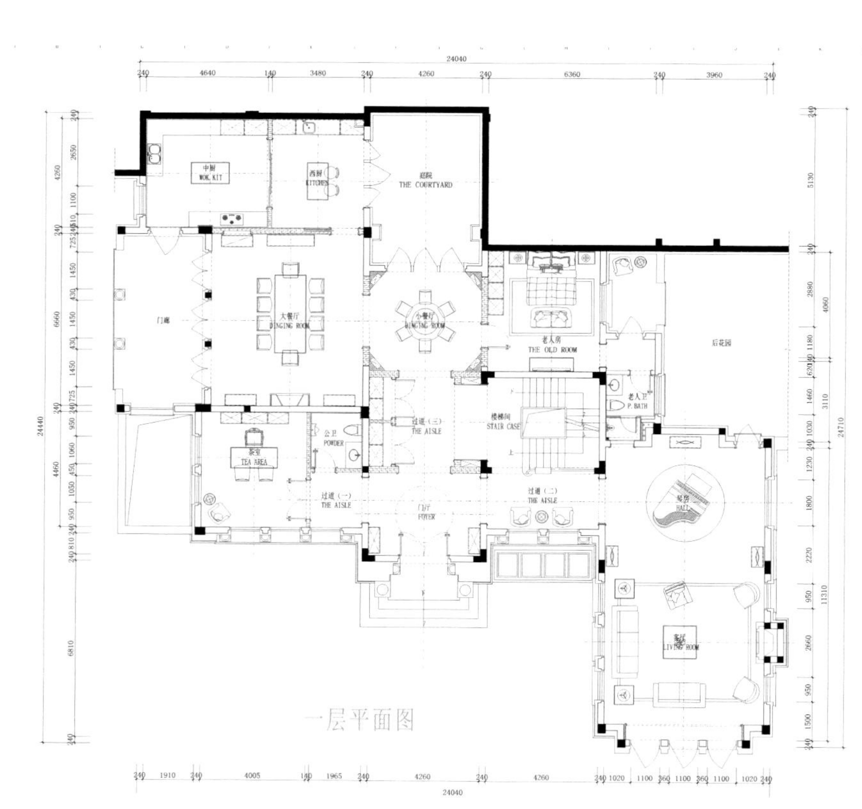

一层平面图

主要材料：大理石、木作、硬包、壁纸

设计说明

金色帷幔和深蓝色窗帘为整个空间奠定了基调，与放置钢琴的地毯相呼应。花卉造型的双吊灯为空间提供照明，位置间断不一的开窗使人仿佛置身欧式街道上的某住所。由于业主喜爱钢琴，设计师特意将钢琴放置在空间较中央的位置，同时，为了营造艺术氛围，在两旁安置了对称的花卉吊灯。

小餐厅的窗帘与客厅虽为同色系，但设计师根据不同功能区做了细微的划分，选择稍浅的蓝色和黄色。

精美的花卉形吊灯营造了温馨的就餐环境，为了满足业主对家的理解，设计师选用了中式圆桌作为家庭内部的就餐桌。

会客的大餐厅选择了欧式的大长桌，满足宴请多人的需要。两个对称的酒柜充分满足储藏功能。后方是通向花园的三扇推门，与大自然的充分亲近使得会客的氛围更加轻松自在。

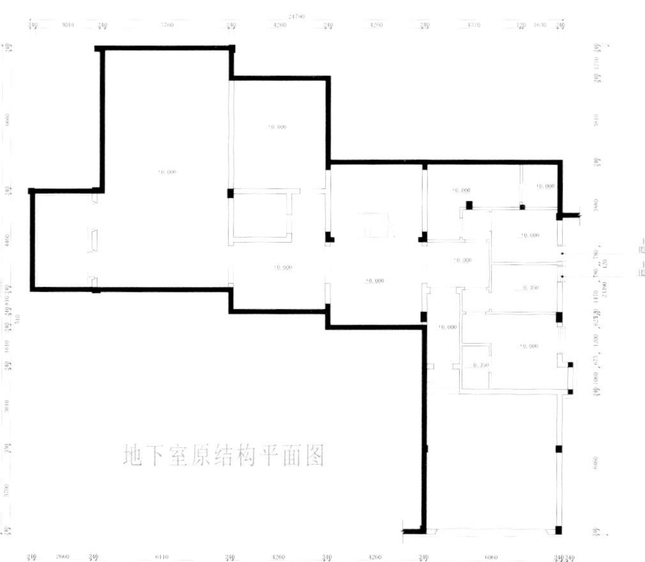
地下室原结构平面图

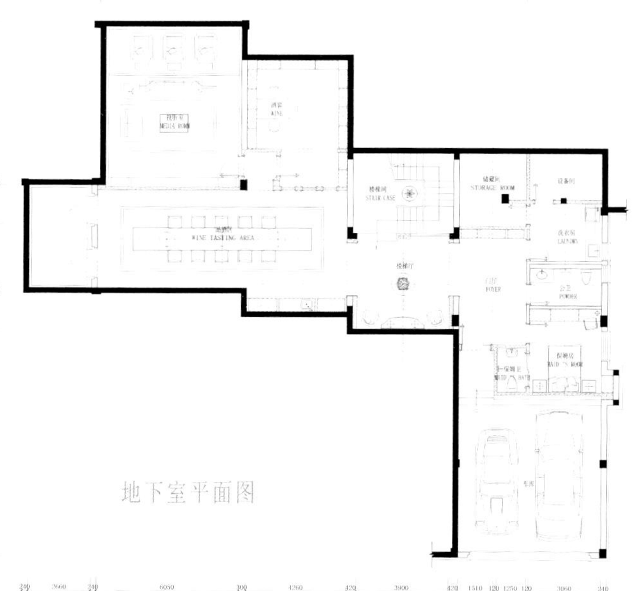
地下室平面图

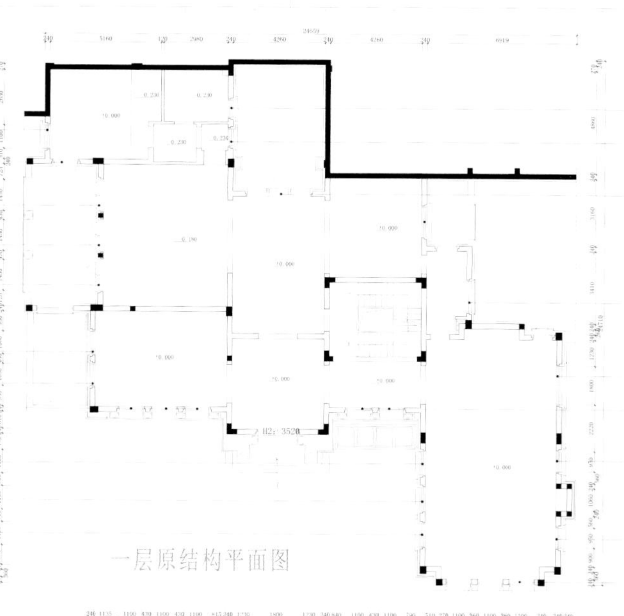
一层原结构平面图

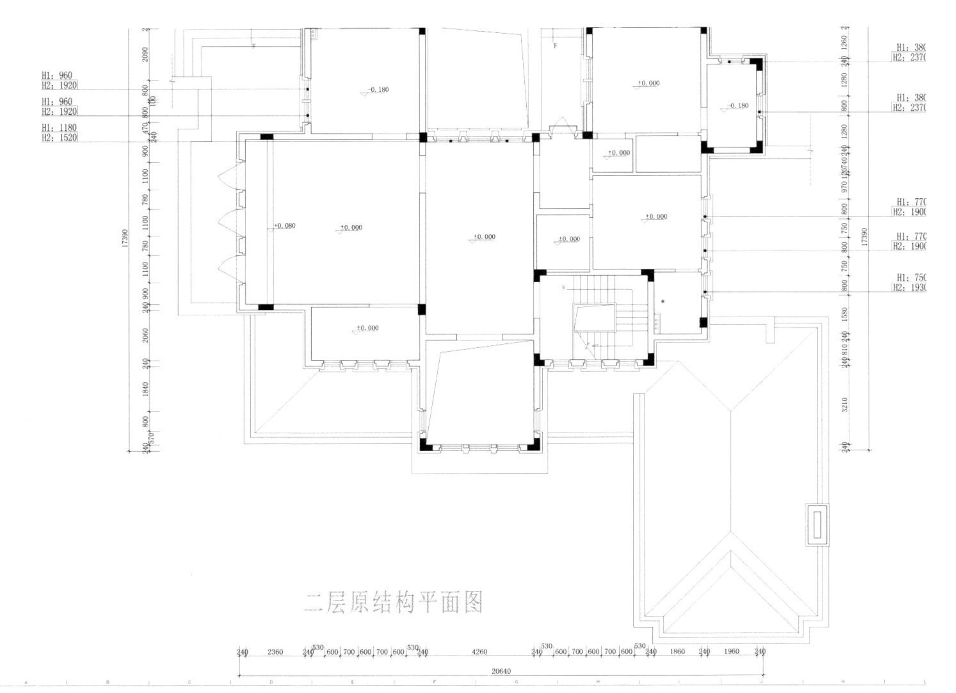

二层原结构平面图

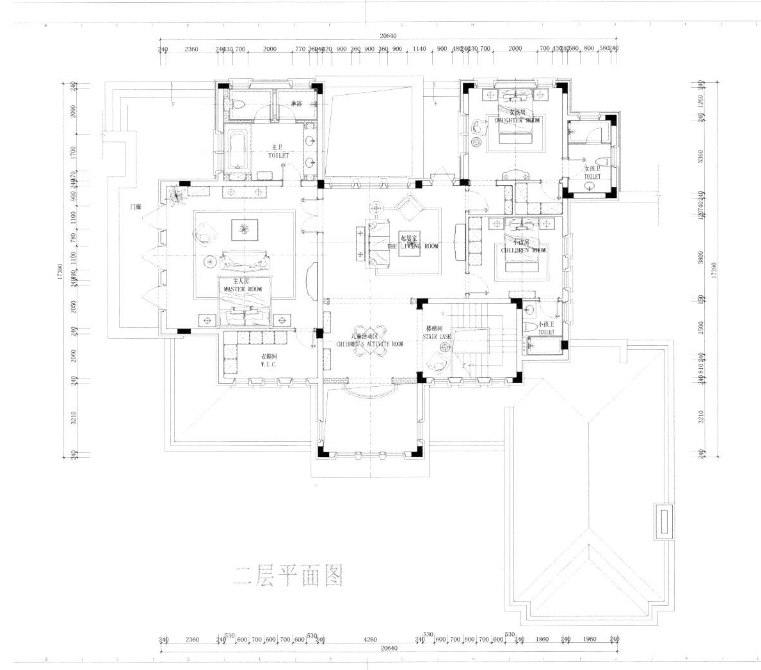

二层平面图

细节演绎：公主风卧室、宫廷般的温馨气氛

粉色是女生卧室装修的永恒主题，它是柔情和年轻的象征，浅蓝色与浅粉色的搭配有着独特的韵味，让整个房间变得温柔宁静。明亮的阳光把卧室照射得如此温馨柔美，令人心情也随之变得柔软。蓝白相间的清爽条纹壁纸，提升了空间整体的线条感，床头的软包设计虽然比较简单，但掩饰不了它的精致感，一张樱桃图案的地毯更让整个空间的可爱感倍增。

色彩搭配：深邃色彩塑造神秘质感

空间中使用了墨蓝色的星空吊顶设计，用浓厚的蓝紫色涂刷墙面，静谧的神秘感围绕四周。浅黄色的欧式沙发宽大舒适，充满着浪漫舒适的气息。卧于沙发上凝神仰望，仿佛遥远的星河就在眼前，随时都可感受它的美，为主人营造了一个最适合冥想的场所。

杭州尹泰瑞祺陈设艺术有限公司设计作品

EUROPEAN-STYLE RURAL LIFESTYLE, ROMANTIC AND LUXURY

美式田园生活 浪漫又奢华

项目名称：绿城桃花源 L 户型样房 地点：杭州 面积：700 ㎡

设计师：应力玮、付雨鑫

软装布艺：温馨布艺田园风

主卧中带有田园风情的草绿色平绒地毯上印染着玫瑰花与卷草纹的图案组合，美丽的图案在浅色的床品映衬下更为出彩，满满都是大自然的气息。深浅不一的靠枕，给人一种温润的舒适感，透露着屋主对家的热爱。卧室一旁的半透明窗纱简洁大方，光线肆意穿透进室内，让卧室弥漫上一层微妙的光晕，显得十分温馨。

主要材料：木饰面、布艺

设计说明

桃花源样板房整体为简美风格，将设计的元素、色彩、照明、原材料简化到最少，在繁复的美式风格的基础上少了雕花，多了现代元素。家居创意宜简不宜繁，宜藏不宜显，简约的空间设计非常含蓄，往往能起到以少胜多、以简胜繁的效果。虽然是简单的风格，但对材料的色彩质感要求很高，因此在桃花源售楼处的整体空间颜色的打造上突破了以往的循规蹈矩，以白蓝黄色系为主营造出专属美式的浪漫，避免运用那些典型的浮夸元素，用务实的设计质疑了当下奢华的概念，展现了精致的生活方式和慢生活的理念，让追求生活情趣的人士感受独有的美式时尚。

本案例为复式结构，实木的纹理，清新的布艺沙发，复古的壁橱，流露出一股浓浓的美洲风情。客厅的实木桌椅，朴素花纹的地毯，瞬间给人一种尊贵之感；客厅通透的玄关设计，丰富了空间的层次感，用双手触摸实木纹理的推拉门，可以感受实木散发出的魅力；倚窗而坐，木香与书香相互融合，沁人心脾；复古韵味的台灯，灵动设计的摆件，成为书房的亮点；充分利用楼道的空间，将其作为休闲区，从而满足了居家生活的需求；而在白色的卷草纹窗帘、水晶吊灯、瓶插百合花的搭配下，浪漫清新之感扑面而来。不论是壁画，抑或是窗前的一把微微晃动的摇椅，在任何一个角落，都能体会到主人悠然自得的生活理念和阳光般明媚的心情。

元素细节演绎：当田园遇上欧式的细节打造

田园风格讲求心灵的自然回归，客厅中大量使用花朵图案的布艺陈设，浓郁的田园气息扑面而来。经典的欧式团花纹地毯通铺地面，弥漫着馥郁安适的生活气息。印有大马士革图案的壁纸满铺于墙上，色调细腻而统一，图案华丽却不张扬，靠枕上亦有零星的花朵图案点缀。在灯光的衬托下，整个空间显得秀丽又有质感，将英式田园风格表现得淋漓尽致。

陈设配饰：植物装饰为空间增色

英式田园风格的卧室自然少不了花花草草的图案装饰，在房间的角落、梳妆桌上、床头柜上均摆上植物花卉盆景，让空间更富艺术感，也令视觉的层次变化有了质的提升，为卧室增色不少。整个空间氛围在植物的装饰下显得格外的清新优雅，淡淡的田园味道已经飘然而至。

色彩搭配：注重自然的柔和色调

暖黄色的色调温馨淡雅，令空间显得宽敞不少。印花地毯的满铺支撑了整个客厅的田园味道，搭配同款花色的边柜，相得益彰。再加上浅蓝色沙发的点缀，光影下整个家都蒙上了一层温馨的浪漫质感。而偏居一隅的会客厅则以红、黄、蓝三色搭配，设计师无意间竟勾勒出了一片旧时梦境中的绿野仙踪，让人仿如置身于神奇的童话世界。

一墨十方·刘强设计师事务所 设计作品

ROMANTIC FEELINGS OF EUROPEAN-STYLE HOUSEHOLD

欧式家居的浪漫情怀

项目名称：浙江诸暨“八达旺庄” 地点：浙江 面积：850 ㎡

设计师：刘强

家具选择：欧式布艺沙发彰显奢华魅力

客厅中的每一款组合沙发都有着不尽相同的特点，单人沙发的银色金属扶手与凳脚的卷曲造型表现出装饰主义的时尚美，简单的造型让整个客厅的品位更上档次。连座沙发的设计是带有封闭性的，沙发的靠背以流畅的弧线设计，沉稳大气的底座搭配，精心雕刻的实木花纹图案，精美细腻的布艺，将高贵气质由内而外地完美呈现出来。欧式仿古沙发，融汇了所有欧式极致文化的拥有者才能独享的奢华。整个沙发的造型简约大气，细腻精致的立体雕花富有层次与深度。整体的手工雕花是这款欧式仿古沙发的一大特色，既复古又富有韵味。

主要材料：实木复合地板、仿古砖、大理石、地毯：橡木护墙板、艺术漆、墙纸、仿古砖、乳胶漆

设计说明

传统洛可可风格体现出的是法国没落贵族追求华美、闲适的审美理想，为了模仿自然形态，室内以变化万千的卷草舒花为装饰元素，多用嫩绿、粉红等浅色调，显得细腻柔媚，女性气息十足。考虑到如将这一风格完全引入住宅中，未必符合楼盘定位人群的居住习惯与审美标准，于是设计师在色调、线条等方面均加以改良、创新，让住宅既具有精致、轻盈、明快的气质，又散发简洁、沉稳、含蓄的气息，实现了一次对西方传统风格的变革与创新。

象牙白、粉彩色系、金色是洛可可风格中最常运用的颜色，将大面积的嫩绿、粉红、玫瑰红铺陈在室内，尽管能满足那个时代人们对于华美、富丽的需求，但如果运用在现代的住宅中，不但显得夸张造作，也与空间体量不符合。本案中，设计师只在局部区域保留了鲜艳的色彩，如客厅里的暗金色雕花茶几、橄榄绿色丝绒面古典沙发、浅金色提花缎面扶手椅等，而且这些都属于比较低调的色彩。在楼梯另一侧的开放式餐厅里，枝形水晶灯与两排玫瑰红丝绒面古典餐椅交相辉映，却令人丝毫不觉得张扬突兀。不同区域色彩的过渡与平衡恰到好处，空间在不经意中流露出几分贵族气质。正是这份不经意，才是设计师要表现的品质所在。

三层的主卧套间以低明度的灰蓝色作为主调，这是一种非常优雅、温和，且具有包容性的颜色。卧室与卫浴间的墙面，都用灰蓝色雕花护墙板进行覆盖，与精巧的象牙白雕花边柜、床头柜搭配，淡蓝雅白，更显得清雅明净。阳光透过大幅的落地窗照进来，置身室内，感觉如初夏时分微风拂面，一切都显得宁静、舒畅、宜人。

曲线与直线的和谐呈现

洛可可艺术的特征是改变了古典艺术中平直的结构，采用C形、S形和贝壳形涡卷曲线，形成繁缛妩媚的视觉效果。本案中，设计师一反其道，将对立的两种元素——直线与曲线相结合，同时运用在不同的区域中。如果说西方古典美学核心是“和谐就是美”，那么设计师则用平衡、匀称的手法，将简约与繁复、硬朗与柔美作了一次和谐之美的呈现。

整个空间里，家具与水晶灯饰均是典型的洛可可特征，形态轻盈，缠绵盘曲的卷草舒花纹样，连成一体。但客厅、卧室里由护墙板装饰的墙面则完全是用直线构造，简洁的矩形框架呈对称布局，仅在四角使用雕刻花纹点缀，勾勒出简洁明快的空间背景。餐厅里两面竖条纹图案的落地窗帘，均匀分布纵向直线的爱奥尼克柱，不但有效拉伸了视觉空间，也通过与曲线家具的对比带来富有变化的动感。

双层地下室的完美改造

与普通别墅不同的是，这套住宅的地下室有两层：一层作为家庭起居空间；地下一层则是娱乐空间，由酒窖、酒吧、桌球区、视听室和室内高尔夫练习场组成。众所周知，采光是地下室最难解决的问题，设计师在这里给出了良好的解决方案。半下沉的地下一层中庭的墙体被打通，设计成铁艺扶栏装饰的门廊，这样地上一层和中庭的落地长窗的光线就能进入室内。起居区的贵妃榻、丝绒沙发延续灰蓝色系，但墙面全部粉刷成明亮温暖的黄色，中央是一块浅蓝色洛可可花纹地毯，营造出闲适、愉悦的氛围。地下二层的娱乐区，运用果绿色墙面和一排浅绿色木隔扇为其带来清新活泼的生活气息。地下室的功能被充分利用和调动，屋主在这里可以完全地放松享受这份美好自在的生活情趣。

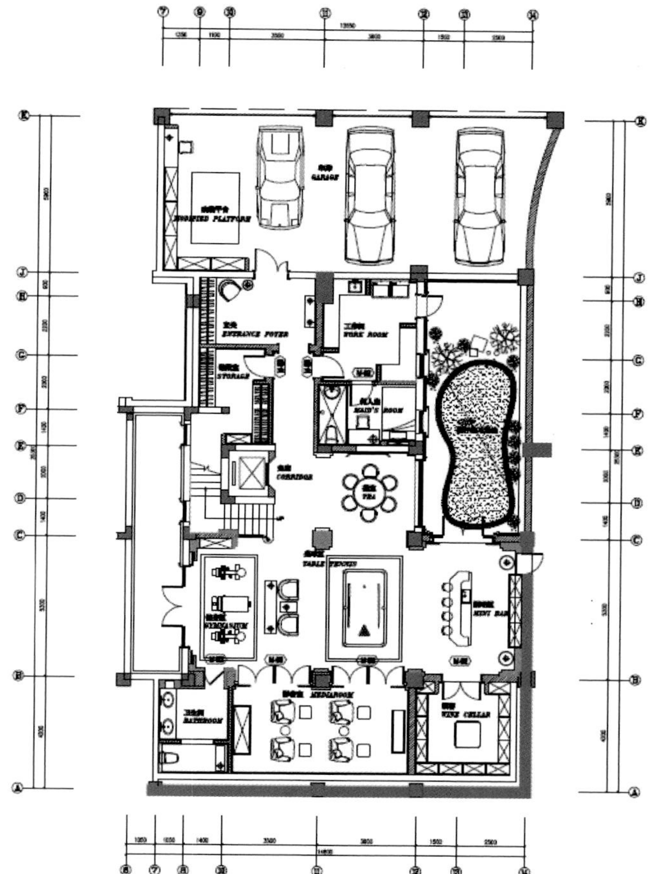

地下层平面图

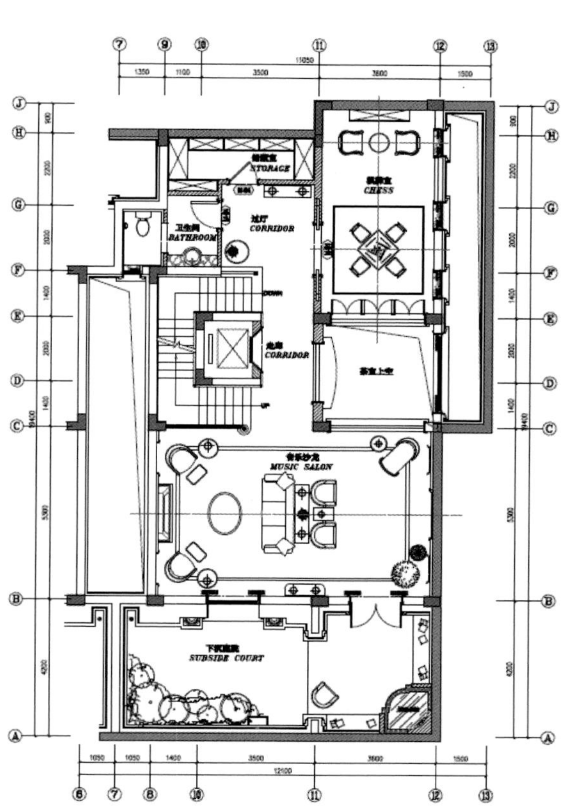

首层层平面图

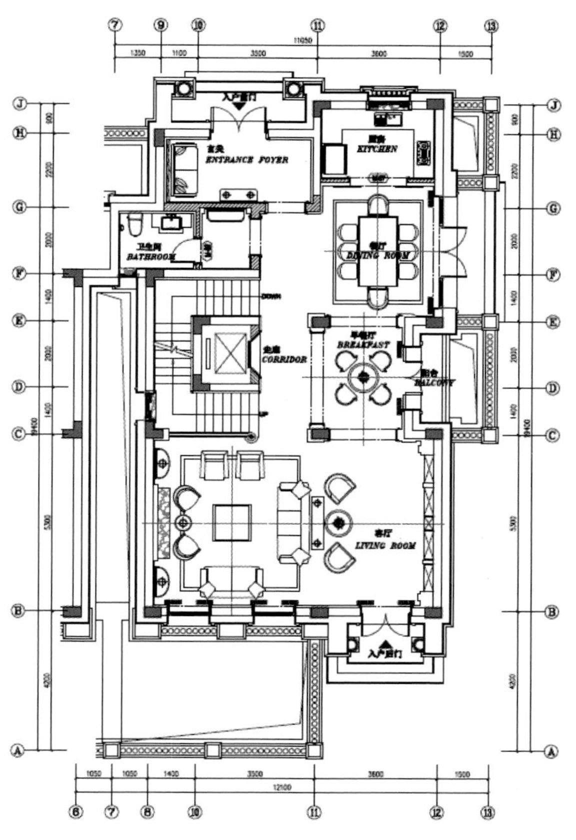

一层平面图

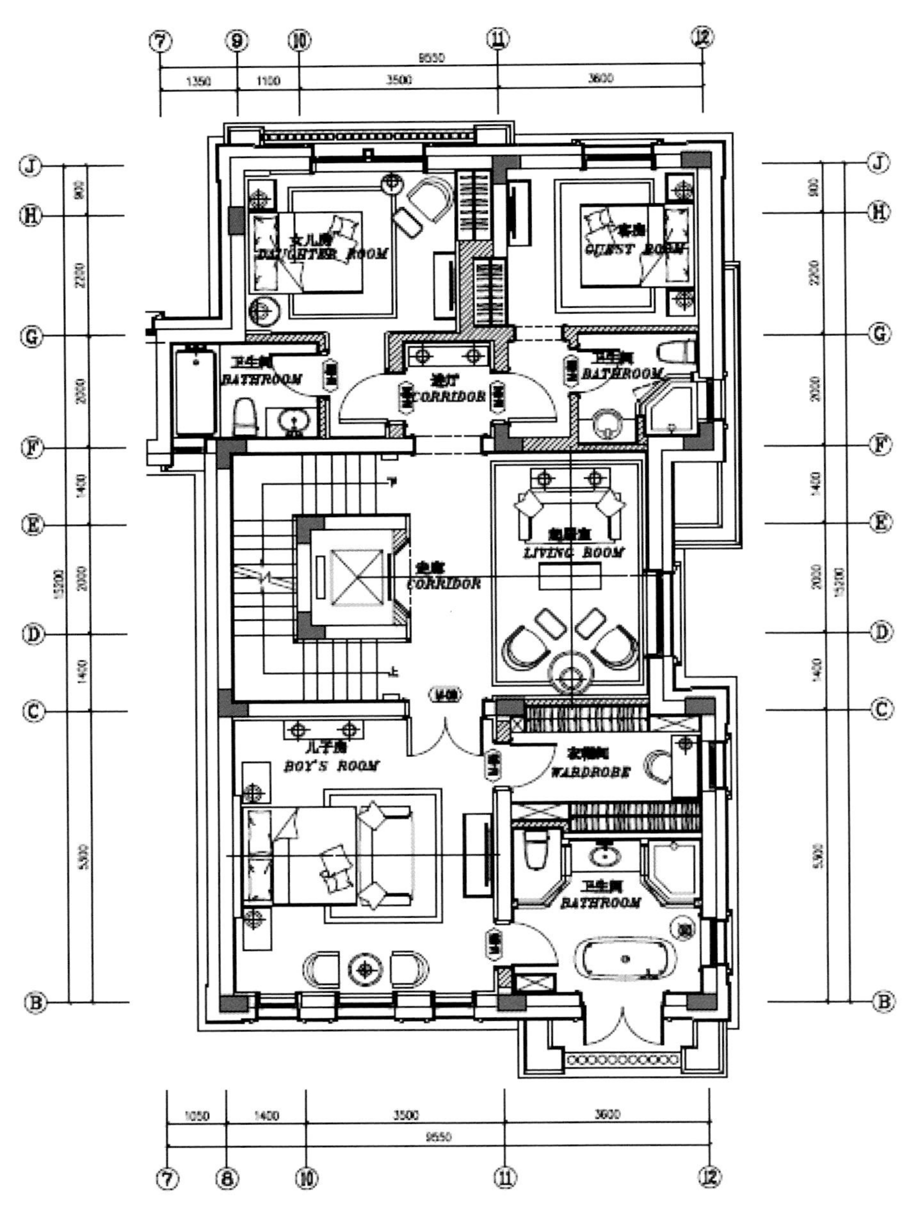
DAUGHTER ROOM
GUEST ROOM
BATHROOM
CORRIDOR
LIVING ROOM
BOY'S ROOM
WARDROBE

二层平面图

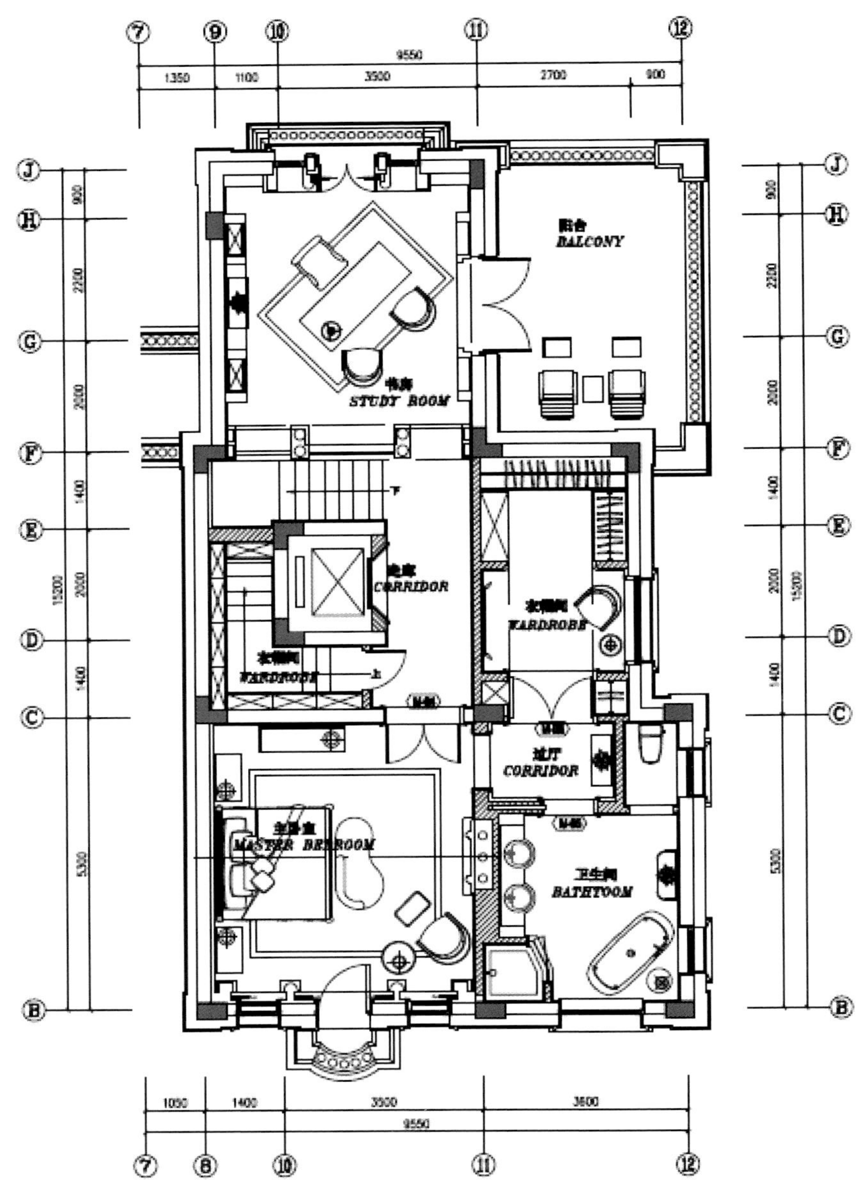
BALCONY
STUDY ROOM
CORRIDOR
WARDROBE
MASTER BEDROOM
BATHTOOM

三层平面图

色彩搭配：在互补色中营造浪漫色彩

明亮与纯粹的粉绿色墙面将清新、欢快、浪漫的欧式家居风格演绎到底。蓝紫色与棕黄色的床帘倾泻而下，是和谐互补色的理想搭配。碎花窗帘、床品通过添加不同色彩元素的自由组合和个性设计，突显和谐的层次感，让整个空间达到优雅、平衡的效果。

软装布艺：
布艺营造英伦绅士范

以蓝色与黄灰色搭配的苏格兰格纹窗帘和背景墙，装点了卧室一角，在遮挡光线之余更加显得大方洒脱。秉承着经典雅致的思想，搭配的床品、地毯也选择同样明度和纯度蓝色与浅黄色，柔软的质感衬托硬朗的空间线条，刚柔并济，体现浓厚的绅士风度与不俗的贵族气质，表达了屋主对细节品质的追求。

浙江绿城家居发展有限公司 设计作品

FRENCH-STYLE ROMANCE WITH DENSE TONE

浓郁色调的法式浪漫

项目名称：绿城·青岛玫瑰园法合墅 地点：青岛 面积：573 ㎡

设计师：熊萍萍 摄影：三像摄

色彩搭配：优雅色调下与浓郁点缀色融合

承袭法式新古典建筑艺术和美学神韵，回归法式正统的优雅色调，使色彩更加纯粹、吐故纳新，实现古典与现代的和谐之美。以米灰色与咖啡色为底色调，香槟金色家具作为点缀，同时糅合东、西方的色彩格调。在客厅与餐厅中大胆采用浓郁的赭石色作为空间的点缀色，面料上采用橘红色呼应，在优雅的空间增添了一丝热情的气氛。而客房则大面积采用不同层次的蓝色，渲染出空间氛围，同时点缀小面积的红色，让空间更添活力。儿童房的硬装是藏蓝色，藏蓝色自带深邃气质与贵族光环，它犹如一支夜空幻想曲，为房间谱写无尽想象，藏蓝与红色的搭配突出小男孩活泼、爱音乐的个性。

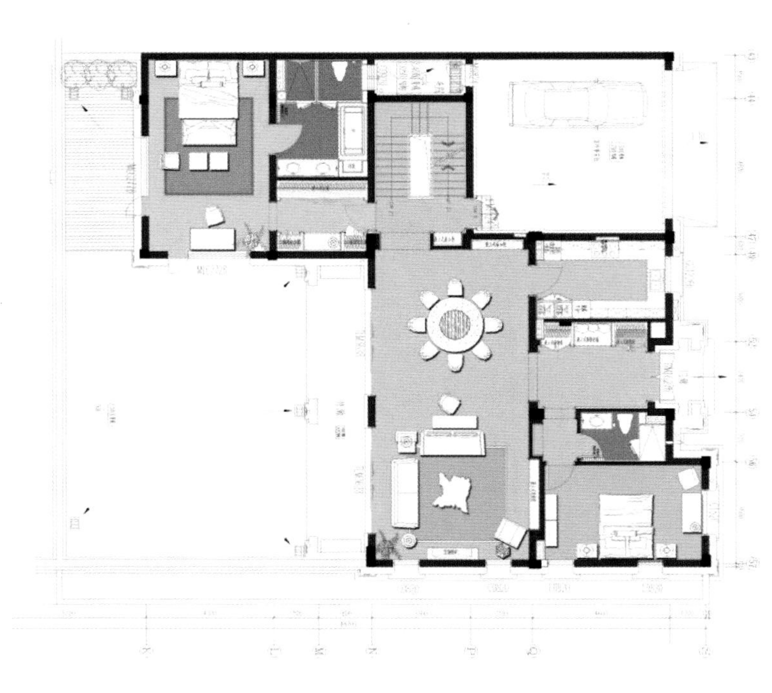

一层平面图

主要材料：金属、玻璃、金箔、大理石、布艺

MAEVE BINCHY SCARLET FEATHER

设计说明

前言

让灵感自由释放，创造一个心灵渴望的空间。

她，浪漫、高贵、热情，处处散发着迷人的风情。她来自一个浪漫的国度——法国。她静静地伫立在那。午后，安静地坐在塞纳河边的咖啡店品味人生；傍晚，她淡淡的凝视着巴黎铁塔的风景；午夜，浅浅地品尝波尔多的美酒，或许还会去看看普罗旺斯的薰衣草，凡尔赛宫殿的华丽；假日，享受马赛的阳光沙滩……

她，是玫瑰园里最耀眼的那一朵花蕾。浪漫夏日，和她谈一场法国恋爱吧！

我的观点

浪漫夏日，谈一场法国恋爱好吗——玫瑰园别墅。

她，集合法式风格的优雅、高贵和浪漫，追求诗中意境，力求在气质上给人深度的感染，又加入一些热情四溢的元素，如红色，体现了法国人的热情，不论是床头台灯图案中娇艳的花朵，还是窗前的一把微微晃动的休闲椅，在任何一个角落，都能体会到主人悠然自得的生活态度和阳光般明媚的心情。透过这些局部的法式元素的勾勒，从整体上营造出高贵自由、浪漫热情的法式新古典风格。

在客厅与餐厅的搭配设计中，饱满而浓郁的色泽带着些许的性感与淡淡的优雅，金色家具的融入提升整个空间的奢华感。

陈设配饰：精致端庄的配饰

设计师选用精致、具有质感的配饰，一点一滴地增加空间的细节和品位；从餐桌的铜质甜品架到晶莹剔透的酒杯，从别致的单色调花器到淡雅的花艺，从摆放讲究的餐具到大胆独特的装饰画，无不体现陈设配饰的细腻用心。在花艺上尤为突出，出现在同一个空间的花艺，选用同系列花器，让空间更为整体，而不同的花艺则是处于不同的层次；每一件器物都经过精挑细选，从材质到造型都极为讲究，水晶、铜、陶瓷的材质，搭配和谐的色泽，以及优雅的造型，恰到好处地营造出空间的气质和独具匠心的生活体验。

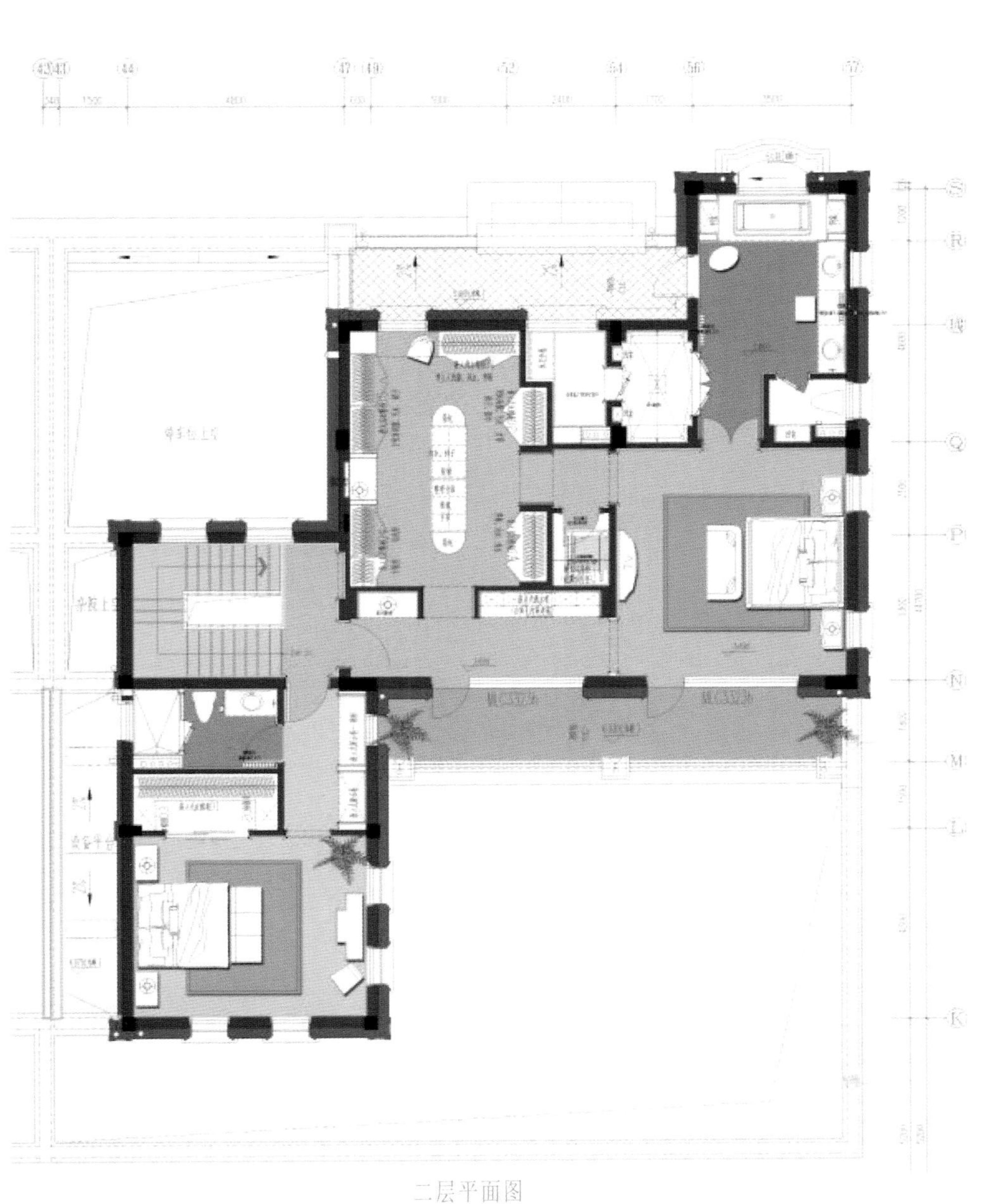

二层平面图

软装布艺：主题图案的布艺表现空间性格

漫步各个空间，不由自主地会被精致到极致的布艺所吸引，在细节考究的同时，每一个空间也会选用贴合主题的布艺来强化空间性格。在儿童房，用色块的拼贴，将房间中天真浪漫的气氛勾勒出来，而在客房，则选用了中式花鸟图案的麻质面料，烘托出空间优雅宁静的气质。含蓄的图案、淡雅的色彩，为空间增添了几分神韵和气质。

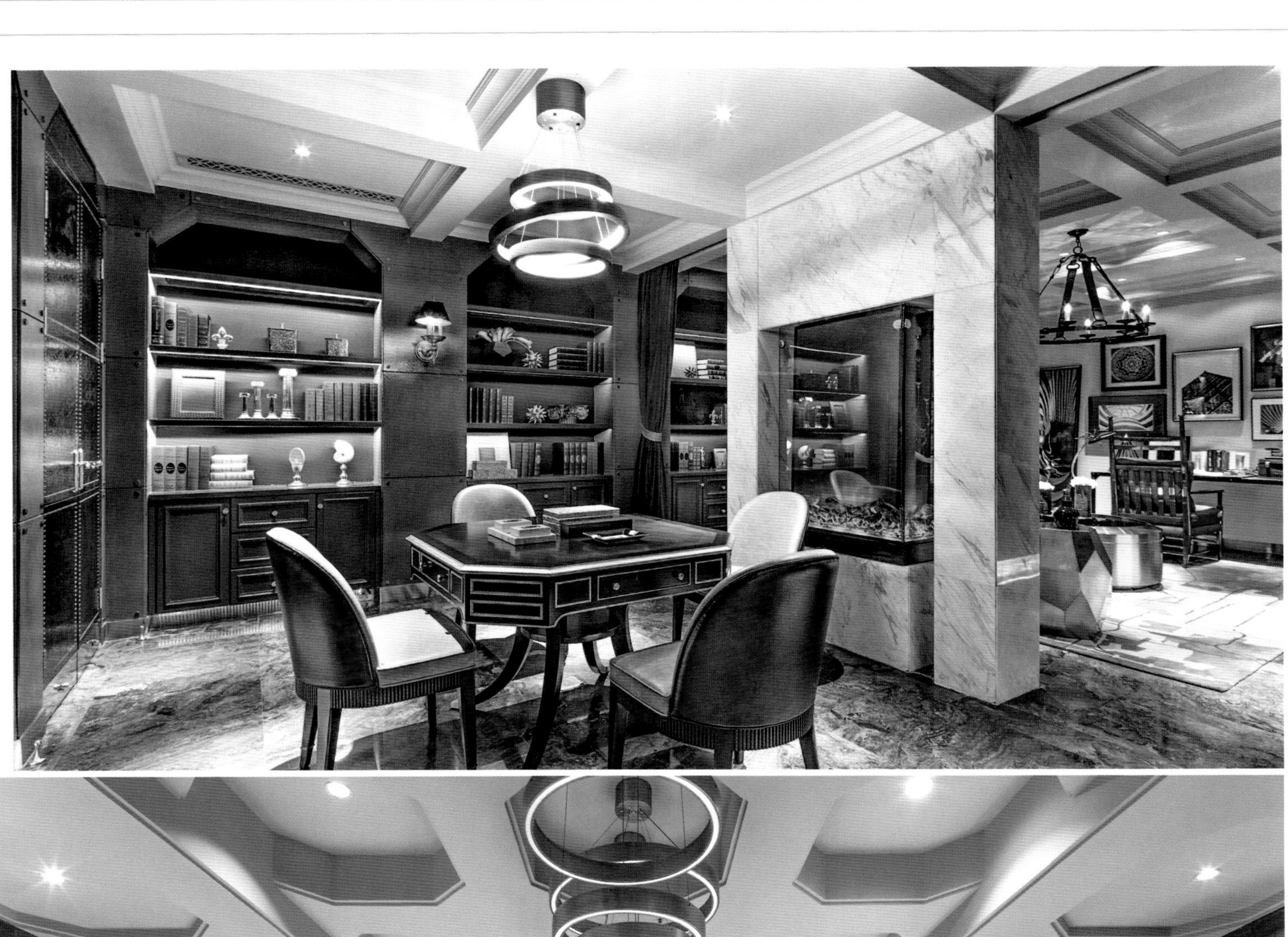

氛围营造：功能赋予空间不同气质

设计师是营造空间气氛的高手，可将空间打造成更有味道的居住场所。在休闲室与影音室，利用软装陈设突显其强烈的艺术氛围。

休闲室，用较为粗犷的灯具与奔放的装饰画，结合休闲沙发、铜质的茶几、皮质休闲椅，打造出空间放松惬意的气氛，同时也彰显屋主的品位。棋牌室和雪茄区是男主人招待宾客的地方，设计师在雪茄室的一角增加了一个工作区，使主人在空闲的时候可以在这里进行快乐的创作。

影音室则打破了传统的沙发形式，改用造型更为随意的坐塌，给空间留下更多的余地，同时运用不同的色彩营造空间氛围。

浙江绿城家居发展有限公司 设计作品

GRACEFUL, POISED AND NOBLE ITALIAN NEOCLASSICAL DEDUCTION

雍容贵气的意式新古典演绎

项目名称：绿城·台州宁江明月 地点：台州 面积：1000 ㎡

主要设计师：绿城家居设计团队

色彩搭配：古典色彩定义空间格局

典雅的金咖啡色系下，以独具浪漫气息的湖蓝色和与之对比的亮黄色作为点缀于沙发、装饰画及休闲沙发之间的色彩，使其显得珍贵又遗世独立，透着高贵的气息。

在楼梯空间和主卧室空间则选用了极具张力和古典气息的红色天鹅绒及金色勾边，让整体空间显得富丽堂皇，具有女性的柔美气质。

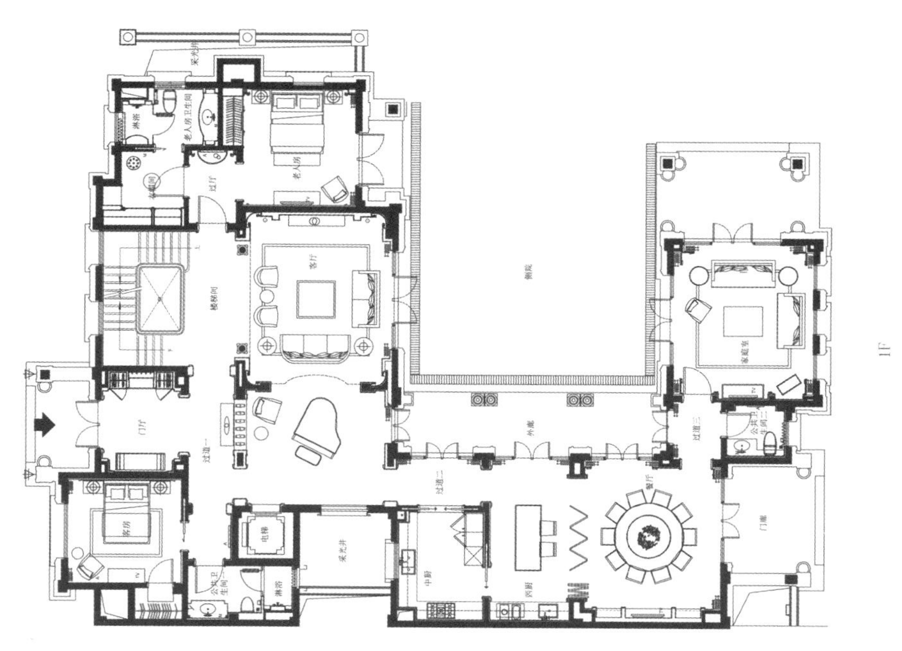

一层平面图

主要材料：公共空间墙面选用古典米黄石材；地拼部分选用高迪啡石、月亮玉石、杰力亚金、米黄玉石、幻彩玉石、钻石蓝石等。房间墙面选用壁纸或软包

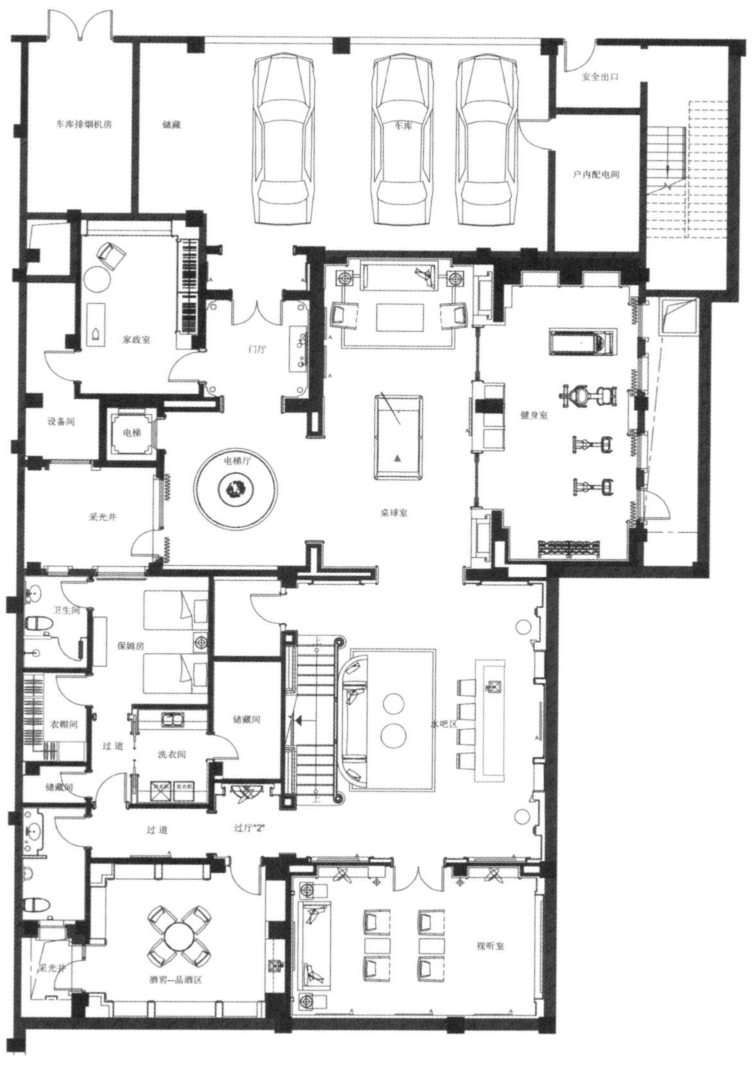

地下二层平面图

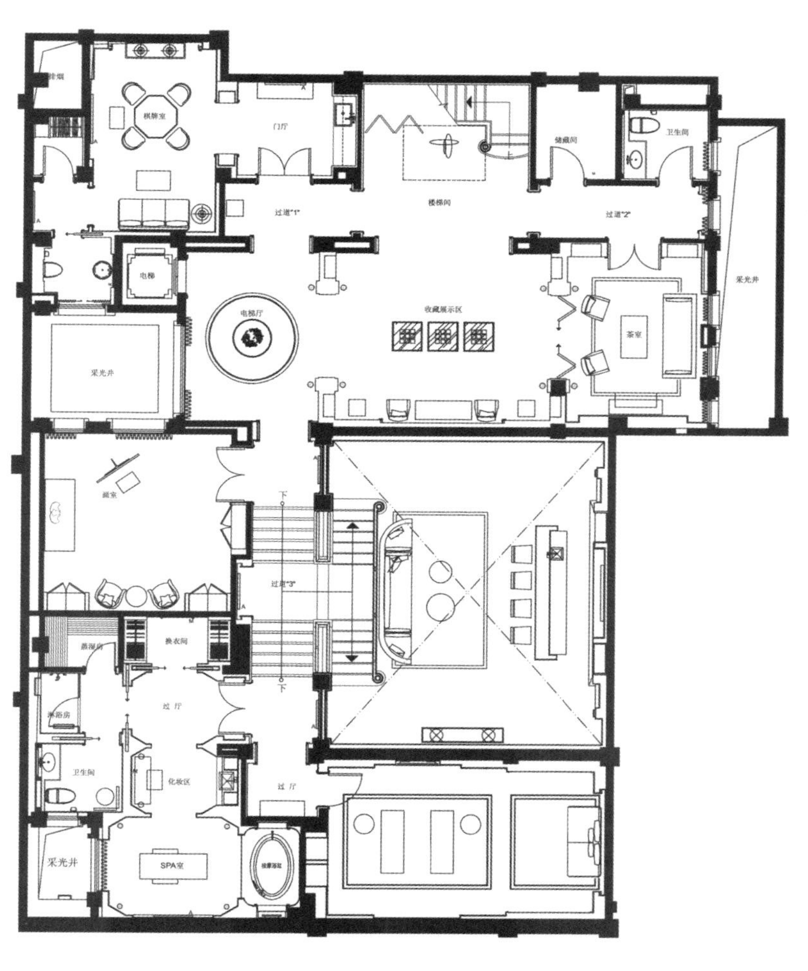

地下一层平面图

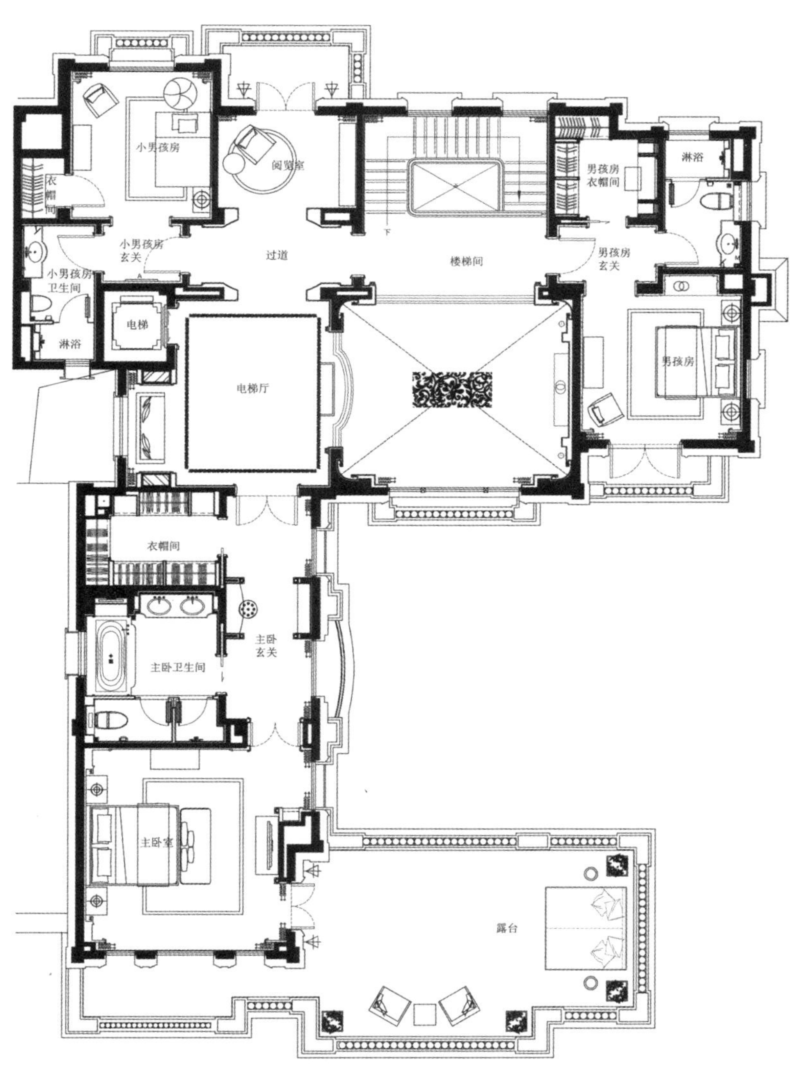

二层平面图

家具选择：
优雅气质的意大利新古典风格

家具整体倾向于意大利的新古典风格，优雅中饱含活力、精致雕花、细腻细节、曲线造型，整体呈现一种张力，家具的体量大气、气度非凡，散发一种神秘的力量，加上浓郁的色彩，将意大利的奔放气息释放出来；在材质方面，大量的金箔贴面和大理石台面，使得空间呈现出一种尊贵典雅的气质。

元素的运用：元素的有机结合

整个空间很好地呈现了意大利新古典风格的精髓，优雅而大气、精致而热情，在元素的运用上，更是别出心裁，恰到好处地展现了一种奔放且浓郁的氛围；

意大利的元素体现在图案的选择上，光泽的缎面，奢华的皮质沙发面料，展现意大利式的精致生活体验；而另一个重要的元素则是中式元素的参与点缀，在装饰配饰的选择上，设计师选择青花瓷、工笔画及花艺，营造了中式意境，整个空间因为这些元素的运用，显得更加饱满。

33
Helping Your Child Succeed in Public School
РУССКИЕ СКАЗКИ

Batman

Dior

软装搭配：中西结合的陈设搭配

整体空间的搭配十分娴熟且自成一派，并尝试在西方风格里注入中国传统的元素。整个空间的家具十分纯粹，以意大利传统的样式为基础，中式元素作点缀。中式元素所及之处，带有一种与生而来的尊贵感，饰品大气而精进，且都带有神韵；在装饰画的选择上十分考究，有直接用古典画作为装饰的，有利用镜面形式展现的；花艺也是空间的配饰亮点，布置更为随意但大气的插花，与空间的造型大气豪华的家具和水晶灯具做了很好的呼应。

CARNALL

浙江绿城家居发展有限公司 设计作品

GRACE, ENERGETIC FRENCH-STYLE VILLA

优雅活力的法式墅居

项目名称：绿城•临安青山湖红枫园　地点：临安　面积：700 ㎡

主要设计师：绿城家居设计团队　摄影：翰珑广告

通过色彩的对比营造空间活力

客厅与餐厅铺设米灰色地板，棋盘格拼贴给人以温暖的视觉感受。客厅和餐厅的色彩使用了对比色的手法，用明黄色的餐椅遥相呼应湖蓝色吧椅，对比色同时也出现在画和壁纸中，使得空间的色彩错落有致，明朗活泼；而在休闲室，则采用了中国红和藏蓝色对比，对比色让空间呈现放松的状态，同时也彰显主人的性格，用戏谑的手法排布对比色，让空间更有趣味。同时，在极其微小的局部也将对比色进行了很好的运用，使得空间更具有细节。

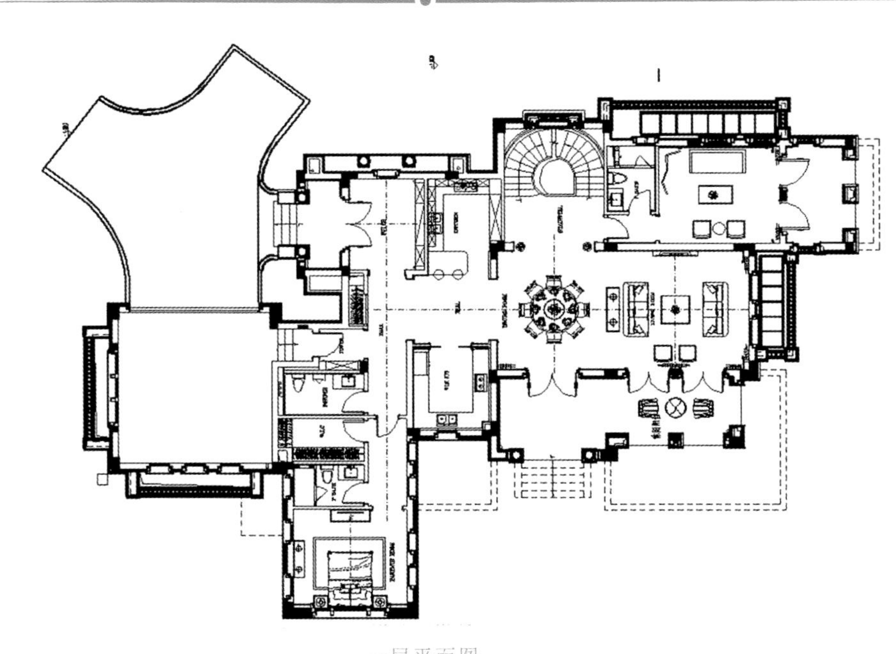

一层平面图

设计说明

你是否想逃离当下的生活？找一个并不算熟悉的地方去放空自己，去寻找自己？当美国宇航局发现另一个地球的时候，你是否也在幻想也许真有个星球，在那儿你能找到另一个自己。绿城 · 临安青山湖，北依母山，南绕南苕溪，山峦绵延，茂林修竹，是你逃离城市喧嚣的理想场所。

设计师通过超现实唯美的创意手法，将浩瀚无边的海洋、生机盎然的大地，抑或是梦幻唯美的天空全部结合到这个唯美浪漫的现代法式家居空间中，带给你最强大的视觉冲击，演绎源于自然的超现实唯美空间。

客厅

一层空间客厅的设计主题是生活，软装搭配运用了大量的自然色来模拟一个生机盎然的春天，一家人其乐融融。客厅的大面积长墙体现了整体元素的分割，沙发以米色调和丝绒的表现手法，让这个居室显得十分贵气与庄重。

餐厅

餐厅，在色调上以清新为主。在创作中将现代法式各种元素进行融合，客厅中加入壁炉、石柱等元素，还有家具色调的配比和软装饰品的搭配，低调的奢华一览无余。

卧室

二层是睡眠的空间，适合休息和冥想。主色调是象征天空的蓝色，在图案设计上运用了很多星空的元素，在露台上仰望星空的时候是否会想这个世界的真有一个地方会有另一个自己？

儿童房

男孩对艺术具有极高的敏感度，爱音乐，向往大海。在男孩的房间设计中用沉稳的蓝灰色延续了天空的梦幻和静谧。

女孩的房间以清新梦幻的粉紫色为基调，墙面简洁明净，搭配原木地板，木质元素给整个空间增添了一份细腻与温馨。

书房

书房大大的落地窗，兼具了采光和远眺功能，带来了通透的视觉感受，搭配梦幻蓝色地毯，以及墙上充满梦幻色彩的装饰画，让空间显得特别且不失宁静。

地下娱乐室

地下室犹如海底，是一个色彩斑斓的世界，为了呼应主题，地毯上甚至特意定制了一只水母的图案，在一天的忙碌之后，你可以在这放松甚至放纵自己，聚会、打台球、看电影、饮酒……

设计风格：现代法式风格

好的设计就是敏感地把握对生活的体验，从凌乱的图像里整理出最符合讲故事方式的作品，并把自己的体验完美地表现在作品中，让其他人也能感受到这种发自内心的对生活的感悟。

布艺选择：缎面暗花布艺营造浪漫气氛

客厅空间整体选用缎面的面料，营造出浪漫温馨的家居氛围。同时，在色彩的选择上，也十分柔和温暖，多选用米白色。细腻的暗花纹面料材质，点缀淡蓝色的抱枕，以及米金色的浅对比色彩使空间温暖、舒适，窗帘则选择了整体的挂置，让空间更有围合感。

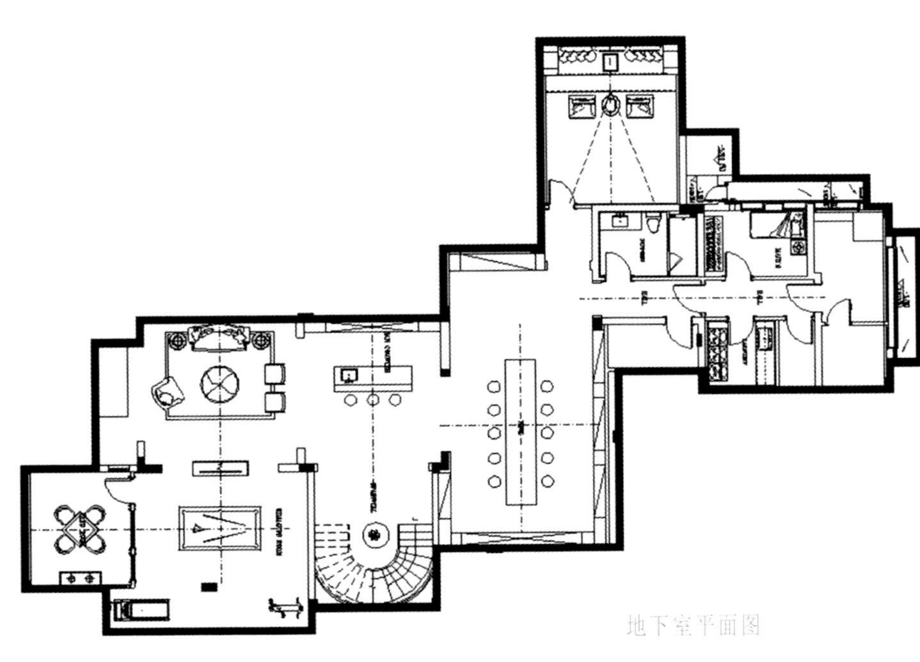

地下室平面图

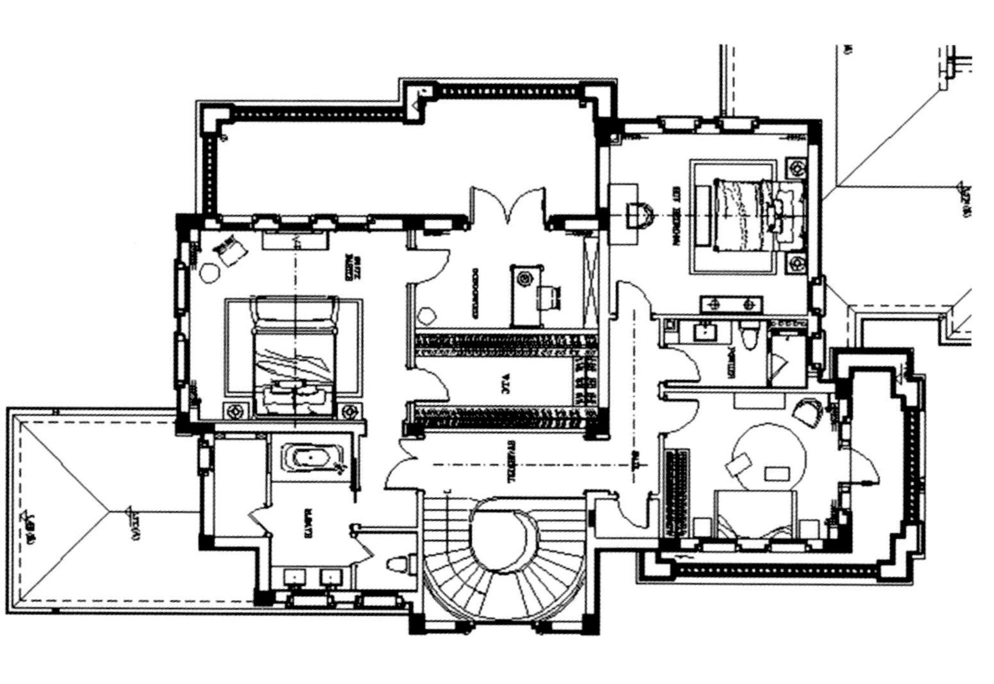

二层平面图

家具选择：不拘一格的家具混搭

打破传统的束缚，也打破其他空间精致优雅的定位，将不同时期，包括古典时间、洛可可时期、后现代时期的家具风格并置于一个空间，呈现一种独特的生活体验。造型不同、色彩各异的家具打破了常规空间的格局，更营造了高低错落的视觉效果，给空间增添了层次感，不同材质的混搭同样增加了空间的趣味和细节，原木桌面、搭配黑色皮质古典造型的椅子、红色皮质的矮靠背椅，又丰富了空间的整体色彩。虽然造型各异，却带有一种特立独行的气质。

杭州尹泰瑞祺陈设艺术有限公司 设计作品

SOLEMN, DIGNIFIED, CLASSIC EUROPEAN-STYLE MANSION

庄重大气的古典欧式大宅

项目名称：武林壹号私宅 地点：杭州 面积：448 ㎡

设计师：黄菲菲 摄影师：颜炳锋

家具选择：儒雅富丽的经典家具

带有古典贵族气息的欧式风格沙发和茶几，桌脚、凳脚均以金光闪闪的金属作轮廓。进门的玄关桌通体黄金色泽，精致的雕刻工艺让居室更显华丽尊贵。居于中央的皮革沙发以沉稳的深棕色出现，庞大体量、儒雅简约的线条造型，稳住了整个客厅空间的气场。

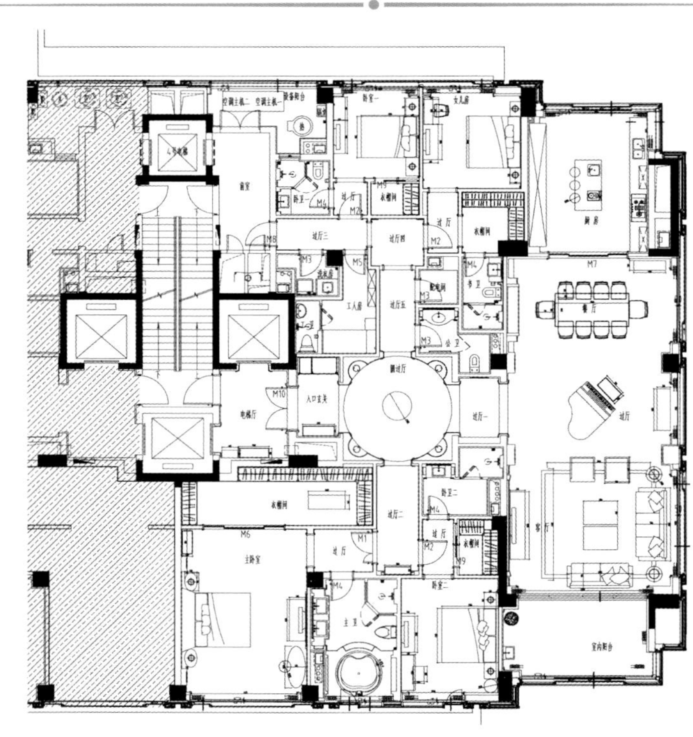

一层平面图

设计说明

本案定义为欧式风格为主的住宅，整个空间弥漫着奢华与浪漫的气氛。客厅中抽象的艺术绘画、华贵的水晶吊灯、质地柔软的沙发、大气的花卉图案地毯都以其特有的质感闪亮登场，赋予空间优雅、华丽的印象。开放式的格局，勾勒出空间的大气之象，而从客厅过渡到餐厅，则洋溢出一种浪漫、精致的气息，造型特别的水晶吊灯、讲究的餐具、刻有古典雕花的餐椅等融为一体，彰显出一种高贵的生活品质。硬朗的材质，明快的色彩、柔美的家具、雅致的配饰，赋予空间素净、明亮的神采，使得整体空间在和谐的基调上彰显出浪漫的气质。其中软装与硬装的结合，成就了本案的精髓与灵魂。

设计师不拘泥于单一的设计风格，将欧式风格与古典浪漫主义结合，在满足功能要求的前提下，采用了“完美空间”设计理念。空间中很多造型都运用了自由、灵活、连续且富有舒适感的曲线，这是引人入胜之处，可以将人带入遐想的境界，哪怕只有视觉或心灵上的一瞬间触动。忙碌的都市人，内心渴求平淡、简单的生活，那么此处便是非常适合人居的宁静、优美的场所。本设计力图在豪华优雅中呈现出既欧式又古典的气质，追求深沉里显露尊贵，典雅中漫透奢华的设计表现，置身于如此典雅高贵、浪漫舒适的空间中，彰显出人对高贵品质、典雅生活的追求，以及“心无尘，一花一世界”的人生境界的向往。

乐摩装饰设计（上海）有限公司 设计作品

EXTREMELY WARM, SWEET, MODERN AMERICAN-STYLE MANSION

温馨非常的现代美式大宅

项目名称：苏州君地半月湾样板间 地点：苏州 面积：400 ㎡

设计师：潘江

色彩搭配：宁静的微暖餐厅

整个空间以米黄色为主基调，在照入阳光之后显现朝气。柔嫩的月白色、沉稳的棕色及局部的金点缀其间，使得这一居所散发着优雅而宁谧的气质。穿插的灰绿色窗帘与另一空间透出的澄净绿色呼应，让空间变得更加通透舒适，悄无声息地便让人身心愉悦。

软装布艺：布艺花纹图案打造空间层次

沙发坐垫、扶手布艺或纹理将色调、图案和谐统一，但又不尽相同。不管是单人沙发的团花图案、单人沙发凳的菱格纹，抑或是小叶花枝图案地毯的异彩沉着，都在各自位置上引领风情，岁月沉淀的古典魅力与现代时尚元素相互衬托，共同营造丰富的空间视觉效果。

设计说明

家，是心灵的港湾。在这个钢筋混凝土的城市，我们渴望有一个舒适自在的家，拥有大的落地窗，然后慵懒地靠在沙发上与家人谈笑家常，乐享休闲时光。

苏州君地半月湾位于风景优美的独墅湖月亮湾，被《胡润百富》评为“2014 中国十大湾区豪宅”，是苏州地区唯一入选的楼盘。正如半月湾这个名称一样，优雅、浪漫、大气成为这套设计定义的主题调性，也是所有软装要营造出的氛围。

在整个空间布局上，设计师充分考虑到大户型的特点，以紧凑而饱满的节奏进行装点，最大限度地体现家具与空间的整体协调，以温婉柔和的蓝色作为空间基调，安静而惬意，让家中时刻洋溢着淡淡的优雅与幸福的味道。

哑光质感的家具对应硬装线条，古铜与陶瓷材质的引入，在收放自如中自然流露出空间的雅致与高贵，给予家最原始的温暖与安全感。沙发上的一抹橘色，如夜幕下温暖的灯火，不焦躁、不刺眼、指引着主人归家的路。

慵懒的贵妃榻、古典的床背板，搭配成熟迷人的巧克力色与淡淡的紫色，传递出主卧的独特气质及品位，而隐藏在主卧内，既能坐拥半月湾湖景，同时又极具私密性的主卫，也为空间增添了一份小小的浪漫情怀。

儿童房中，设计师温柔细腻的心思洒落在空间的每个角落，明快的黄色点缀点燃空间的快乐因子，蓝绿色的基调犹如雨后一尘不染的天空，湛蓝、悠远、纯净……

书房是与主人内心对话的空间，因此设计师用沉稳的木色与淡雅的浅咖色进行搭配，身处其中时，不论是身体还是心灵，都能释放。

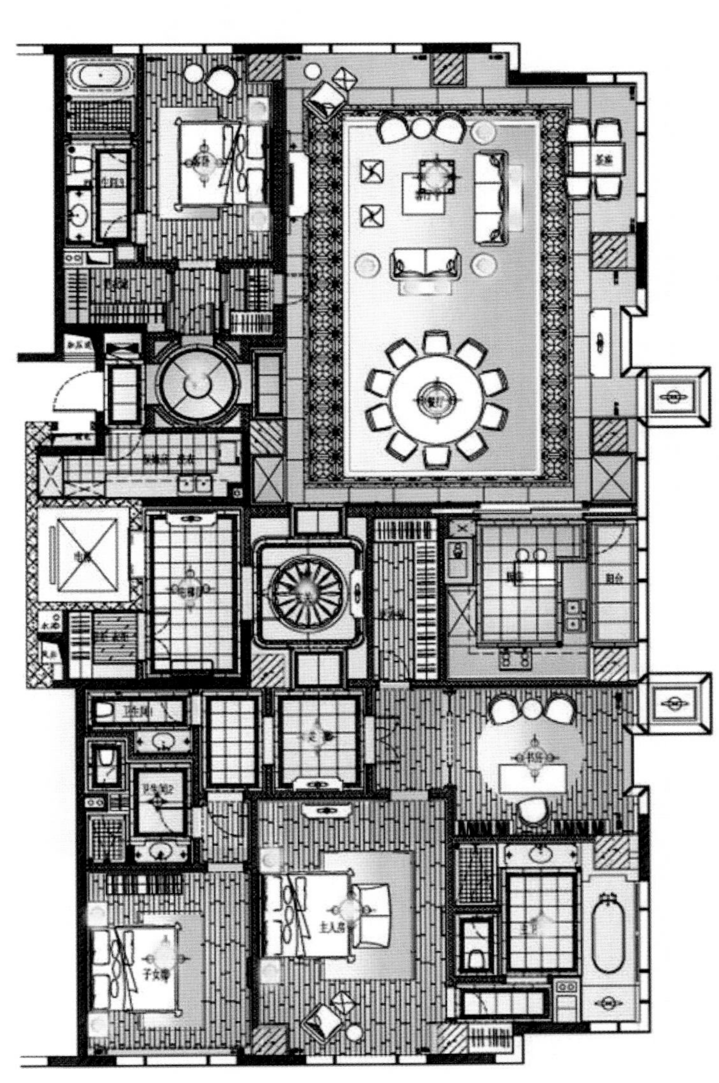

一层平面图

陈设配饰：边桌上的西式意境

宽敞的别墅空间在过渡处自然少不了一番装饰。墙面上的画作映入眼帘，三两枝粉白的月季花似要探出画框，两旁的壁灯更为画面打上丰富的灯光效果。与柜面上精心挑选的画像碟、陶瓷装饰品相映成趣。另一侧的设计同样以装饰画作为背景，淡蓝色背景杂糅钛白色浓密小点，似漫顶棚瓣，又似天边浮动的祥云，梦幻意境油然而起。墙面勾勒一圈金漆浮雕线条，为画作加了一层额外的装饰，与抽屉轮廓的巧妙呼应更使这一方小天地充满优雅精致的气息。

气氛营造：空间节奏感的营造

空间的结构十分紧凑，每一个空间都有属于自己的性格和属性，设计师利用家具和色彩，营造不同属性的空间。如起居室，与主空间的高贵端庄不同，起居室选用柔和线条，舒适宜人的家具，打造休闲、放松的状态，而明黄色和湖蓝色的色彩对比，则使得空间更加活泼有趣；女孩的房间，则营造的是梦幻的城堡般的空间，兰花紫和金色的结合，让空间柔和温馨，而流苏造型的床靠背、镜面的梳妆台，则强化了空间的氛围，窗台边的花架上放置着莫奈的画作，一个有艺术气息的公主房展现无遗。

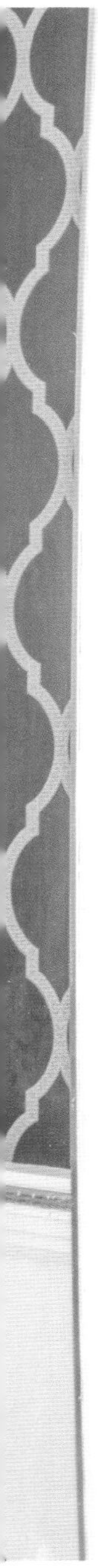

上海益善堂装饰设计有限公司 设计作品

ULTIMATE DEDUCTION OF RATIONAL SPACE

理性空间的极致演绎

项目名称：九龙仓碧堤半岛 140 户型 地点：无锡 面积：140 ㎡

设计师：黄亚利、张琳琳 摄影：温蔚汉

色彩搭配：冷色系的时尚感

首先色彩是以烟灰色为底，冷灰色的地面、墙面，营造了理性的空间，冷静的气质，配以透明水晶质感的吊灯，更是强调这种冷静，亚麻色三角几何图案的地毯及象牙白色沙发，增添了一丝居住空间的温暖感。其次，选用金色和白色大理石台面的茶几，以及黑色高光漆面的木饰面，而沙发抱枕上点缀以藏蓝色，搭配轻烟棕色，丰富了空间的层次感；加上选用蓝色和柠檬黄色强烈对比的餐厅装饰画，增加了空间的冷峻感。搭配色彩丰富，画面极具感染力，形成了空间的动态感，整个空间色彩稳重，材料质地考究，独具时尚品位。

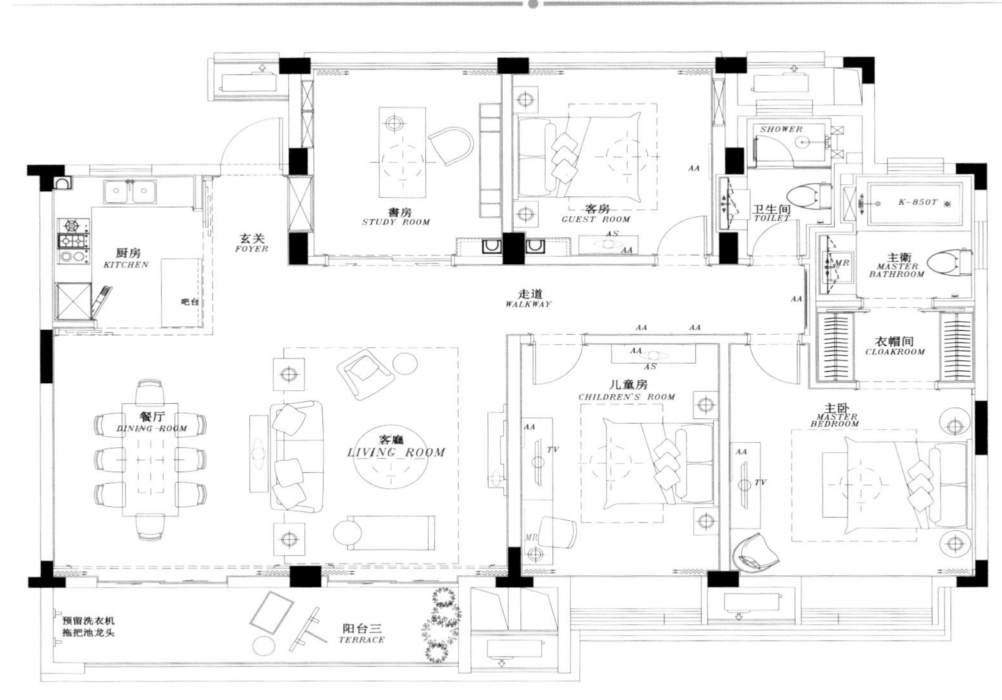

一层平面图

主要材料：石材、不锈钢、马赛克贝壳板、订制皮革板、铜雕玻璃、桂布板

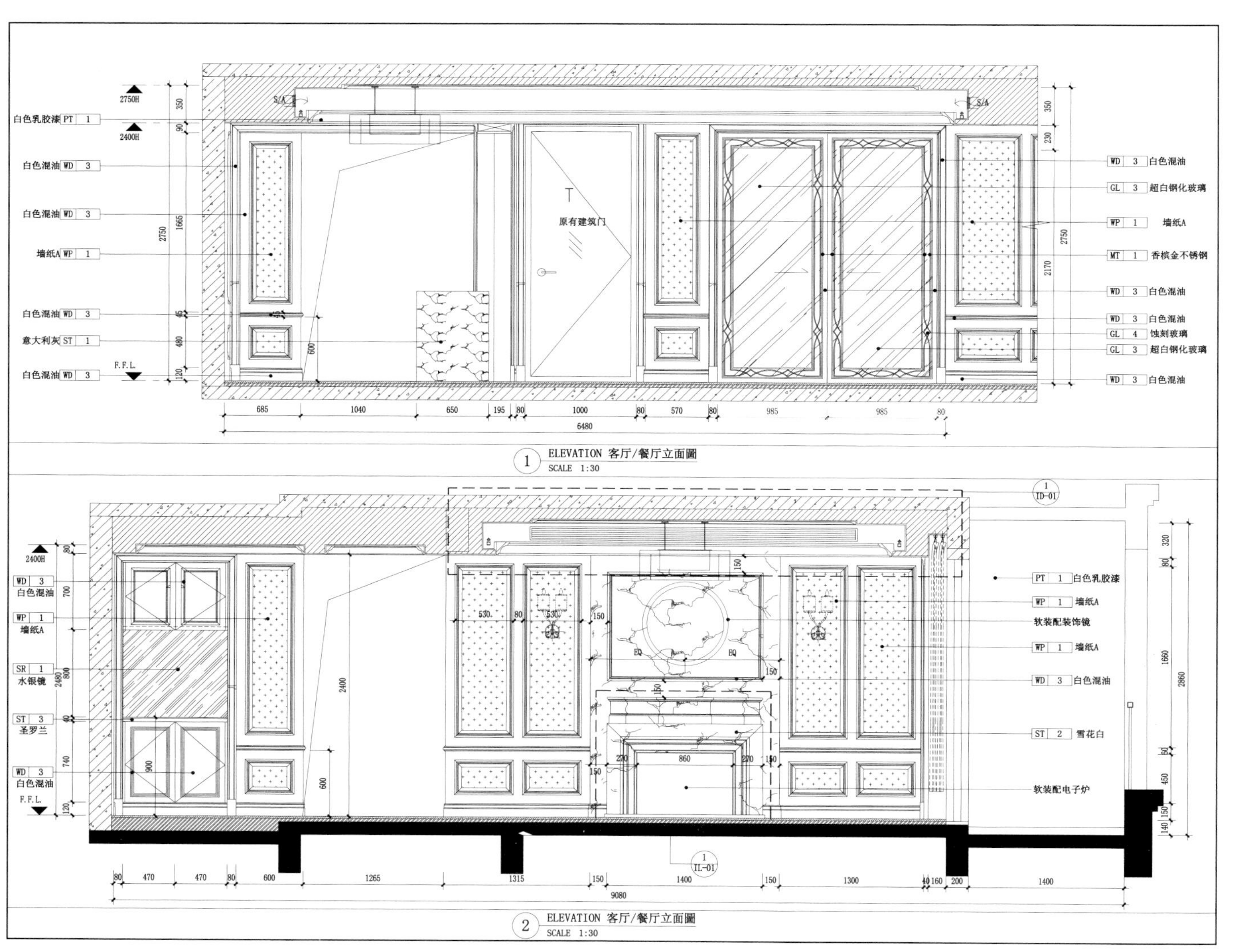
白色乳胶漆 PT 1
白色混油 WD 3
墙纸A WP 1
意大利灰 ST 1
原有建筑门
WD 3 白色混油
GL 3 超白钢化玻璃
WP 1 墙纸A
MT 1 香槟金不锈钢
GL 4 蚀刻玻璃
1 ELEVATION 客厅/餐厅立面圖
SCALE 1:30
水银镜
圣罗兰
PT 1 白色乳胶漆
软装配装饰镜
ST 2 雪花白
软装配电子炉
2 ELEVATION 客厅/餐厅立面圖
SCALE 1:30

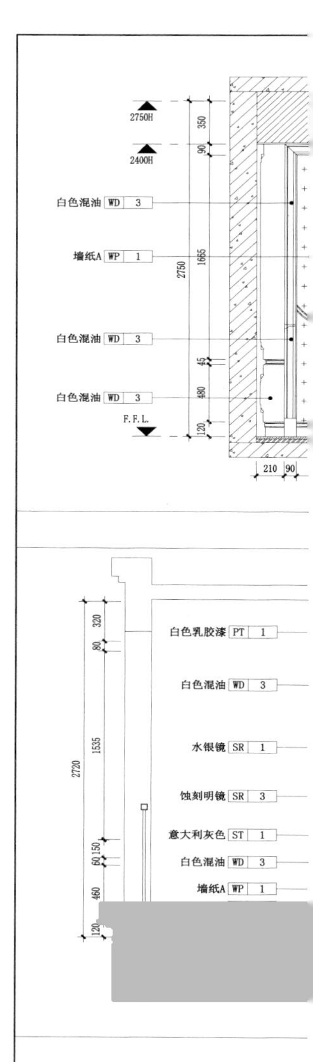
白色混油 WD 3
墙纸A WP 1
白色乳胶漆 PT 1
水银镜 SR 1
蚀刻明镜 SR 3
意大利灰色 ST 1

立面图 1

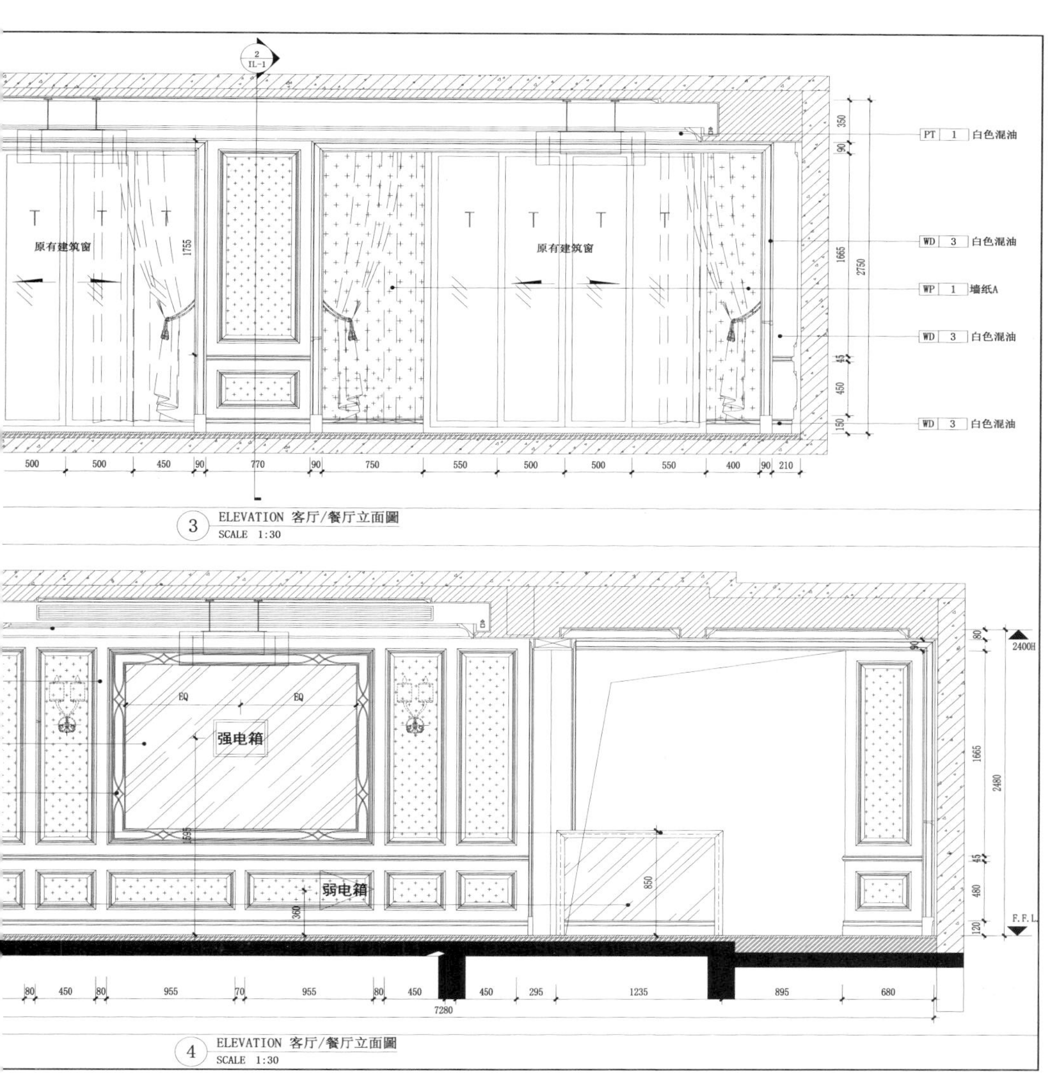

立面图 2

设计说明

室内设计阶段的工作，并不是在设计初始就能达到一个理想的建筑空间，设计之初最重要的工作就是要重新梳理空间功能的动线及比例关系，将良好的感受规划纳入人的自然动线，使空间呈现出移步换景的状态，对无法规避的缺憾，设计将用艺术的手法融入到建筑装饰中。

本案设计主要体现现代新古典主义风格的淡雅奢华，并融入时尚元素，尝试用新古典风格以一种全新的设计手段演绎现代奢华气质，创造大气、典雅、纯净的空间，最终目标是构成一个具有文化精粹的主题空间。

有别于传统欧式风格过于华丽古典的特点，本空间设计更为清新时尚，在舒适与和谐中将豪华与浪漫尽情展现。既有整体的大气奢华，又在细节处独具魅力。保留了材质、色彩的大致风格，可以很强烈地感受到传统的历史痕迹，以及设计师对美好独特理解与感悟，最终呈现符合居者身份与品位的独一无二的高雅居所。

本案当中，主色调为米色和高端灰，整体色调比较柔和素雅。在软装上延续咖色系配上蓝色为点缀色，这样打破了整个空间的沉闷，并且这样经典的搭配使整个空间赋有优雅与大气之感。客厅、餐厅运用了大理石和不锈钢的质感，黑白交错的拼花地坪线条，以及后期软装家具的皮革质感做对比，从而突出一个奢华、时尚的空间氛围。最后以一张金漆描边的银箔订制柜定调奢美意象，进而起始质感新古典主义的居家风格。

为突显全订制家具的新古典主义华美气质，空间架构以现代手法结合局部线板呈现，除了以设计师擅长的大理石艺术建构奢华气质底蕴，另结合马赛克贝壳板、皮革板、石材砖及铜雕玻璃等元素，增添气韵非凡的空间质感。

在分属不同使用者的私人领域里，有着截然不同的个性表情，简洁灵动的线条勾勒出客房的空间感，皮草床品以及冷灰色调的床头布艺软包界分出主卧房的奢华品质感，并透过床头的时尚壁灯和金属吊灯给主卧涂添了不少时尚气息；采用灰色调规划的男孩房，以男孩心中的英雄为主题，满足他小小的心愿；客房采用了与整个空间一致的色调，同时用了高端灰的床品及带有金属质感的柜子，在电视背景墙位置，设计了一组嵌入式的柜子，很好地处理了建筑格局及壁挂式空调的关系。

家具选择：现代元素与古典元素的混搭

整体家居选用了极具现代气息的家具，简洁的造型充满了现代感，同时保留有优美的法式曲线。在家具的材质选择上极为讲究，书房的家具、用黑色高光镶金属边线，使空间更加硬朗有力，并与硬装的金属线条相互呼应；而在房间中，则是选用更加生动活泼的家具，体现儿童的天真烂漫，集装箱造型的拼色床头柜，搭配黑色皮质靠背的床，打造出一份后现代主义的幽默感，十分有趣。

布艺设计：创新大胆的布艺设计

不同于客厅布艺的冷峻、现代感，卧室的面料大胆地选用对比撞色和同类色肌理感面料，只为营造空间的舒适氛围。

棉麻的材质，或淡雅宁静如客房，或热情奔放如儿童卧室，主卧则在设计上致力打造一种宁静、朴素的感觉，主人进入卧室空间后自然而然地轻松卸下一身疲惫，放眼四周，仿佛处于森林中的花海，轻松且悠闲；各个空间利用面料的搭配，形成了不同的性格，让整体空间的艺术气息更加丰富。

设计说明

“传承式居所”是我喜欢拿来定位独栋别墅的词汇之一。前几天突然出现一句刷爆朋友圈的网络语——“主要看气质”。我对每一个作品的定位除了使用功能之外，最重要的真的也是要看气质，“功能为首，气场为上”现在应该说“气质为上”了，这一直是我们对住宅空间的一种理解。

理念解析：本案地理位置在牛首山附近的一个别墅住宅小区，小区依山而建，基本保留了坡地的特色，内环境优美，空气质量比较好，非常适宜长期居住，对于这类房产我们一般建议业主装修时按照可以传承的固定住所来规划。既然定位为传承式居所，那就自然应该有一个更为长远的规划设计理念了，在了解业主的家庭结构后我们一起做了一系列结构改造，在满足业主使用功能的情况下，尽可能让整个空间更有情调一些。下面重点解析几个改动较大的区域。

1、原始户型入户为一个开敞式的大餐厅和厨房，经过重新组合后把两个空间规划为门厅、鞋帽区、走廊、餐厅、客厅、厨房及餐厅休闲区。

2、客厅原户型三面为多个窗户组成，主次分区不太明显。方案修改后封闭了正中间的一组窗户，将其改为整体的装饰电暖壁炉，作为客厅的主题墙。

3、别墅原结构为 3 层，但顶楼最高处达到 7 米左右的高度。我们在不影响主卧室造型吊顶高度的基础上，作出了一层阁楼作为储物空间，大大解决了衣物存放问题。

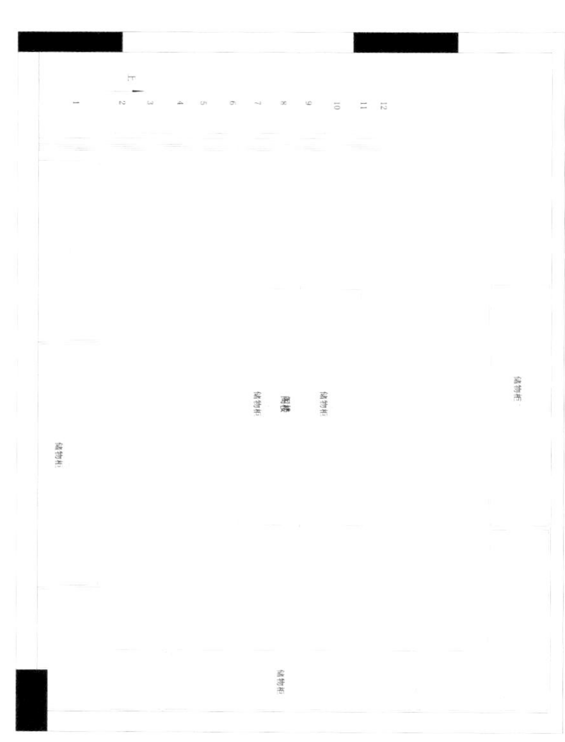

立面图

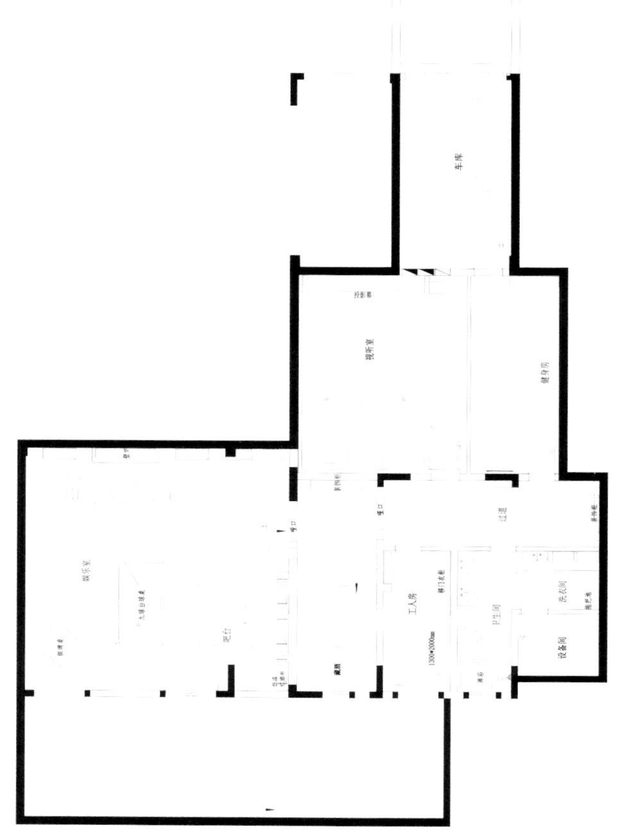

平面图 1

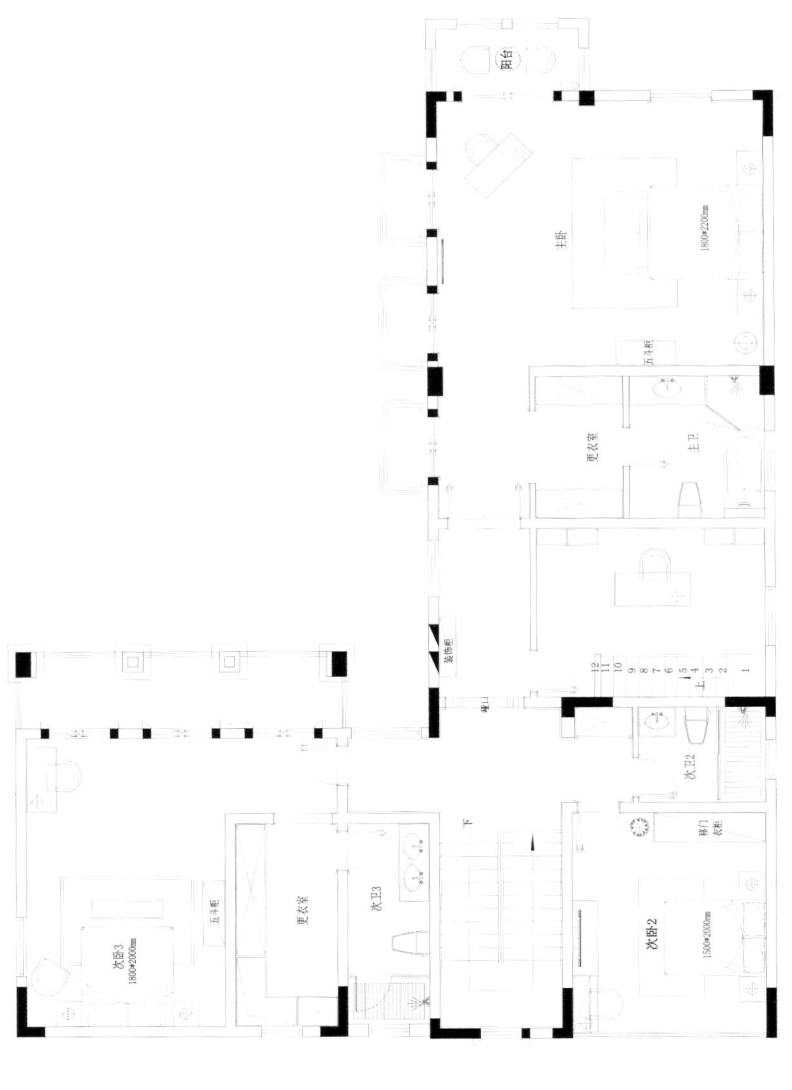
阳台
主卧
1800*2200mm
五斗柜
更衣室
主卫
装饰柜
次卫2
下
上
移门衣柜
次卧2
1500*2000mm
五斗柜
更衣室
次卫3
次卧3
1800*2000mm

平面图 2

元素运用：
创新手法的元素运用

为打造空间纯粹的欧洲古典庄园风格，设计师将传统的元素遍布于空间的各个细节部位，并也加以创新的手法，突破古典的局限。黑白方块的大理石拼花，能够与几何图形的棕色木地板结合得天衣无缝；拱形门框既链接了各个空间，也让空间更具庄园气质；门框的线条与玄关的装饰线条呼应得极好；同时具有点缀效果的带有古典花纹的地板，也给空间增添了更多值得品味的细节。

家具选择：庄园风格家具的布置

几乎所有的家具都统一在庄园的基调下，力求做到纯粹的风格营造。多选以原木、深色木饰面为主的古典风格的家具，将空间的深邃感打造得淋漓尽致。同时，深色系的家具又给空间增加了稳重的气质，选用皮质休闲沙发，来中和木制家具带来的硬朗感。

GID 格瑞龙设计顾问有限公司 设计作品

THE EXALTED AMERICAN CASTLE STYLE

尊贵大气的美式古堡风

项目名称：红旗谷 L2 别墅样板房　地点：大连　面积：540 ㎡

创意机构：新加坡 GID 设计机构　投资企业：海昌房地产集团　主设计师：GARY 曾建龙、孙志刚

家具选择及搭配：雍容华贵法式家具打造时代穿越感

本案的家具都是选用具有古典气质的法式家具，这些家具如同从另一个时代穿梭而来，在这个空间相遇。木质的家具，充满曲线和力量，搭配皮质的面料，显得挺拔气派，搭配缎面的材质，则显得高贵妩媚，搭配绒面材质，多了几分温厚。客厅与餐厅的皮质餐椅，展现了主人的尊贵气质，而绒面的沙发，则让空间带有一种温暖气息，加上小件的木质家具，整体搭配成一个非常自然的典雅的家。

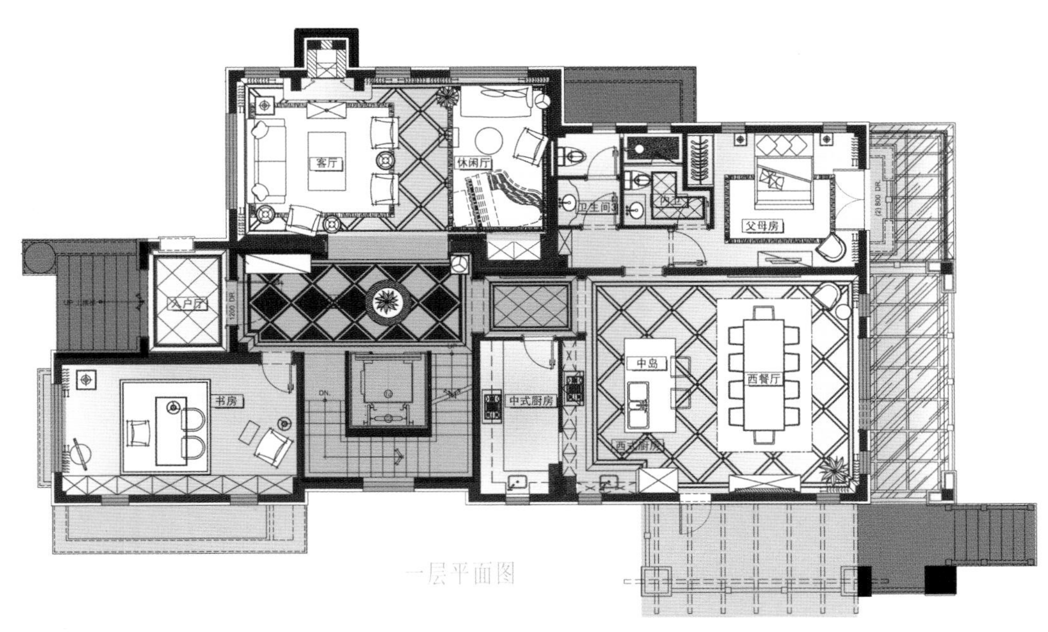

一层平面图

主要材料：大理石拼花、护墙板、木涂料、艺术壁纸、毛石、马赛克

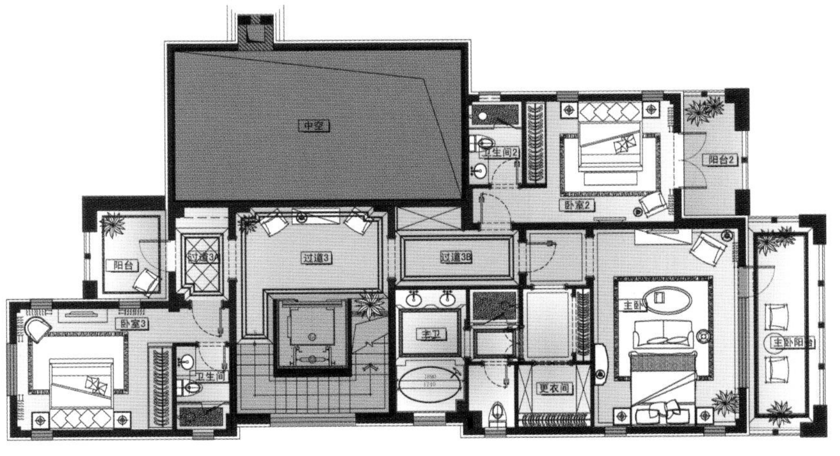

二层平面图

AMERICAN STYLE WITH GENTLEMAN STYLE

绅士格调的美式风格

项目名称：麓山别墅 地点：成都 摄影：季光

家具选择：混搭家具营造休闲空间

整体空间沉浸在浓郁的美式休闲风的氛围里，原木家具就十分符合这种粗犷而随意空间基调的设定。在十分纯粹的美式空间里，设置了诸多中式风格的家具陈设，给空间增加几分内涵和底蕴，也打破空间的粗犷气质，增添了东方独特的灵气。

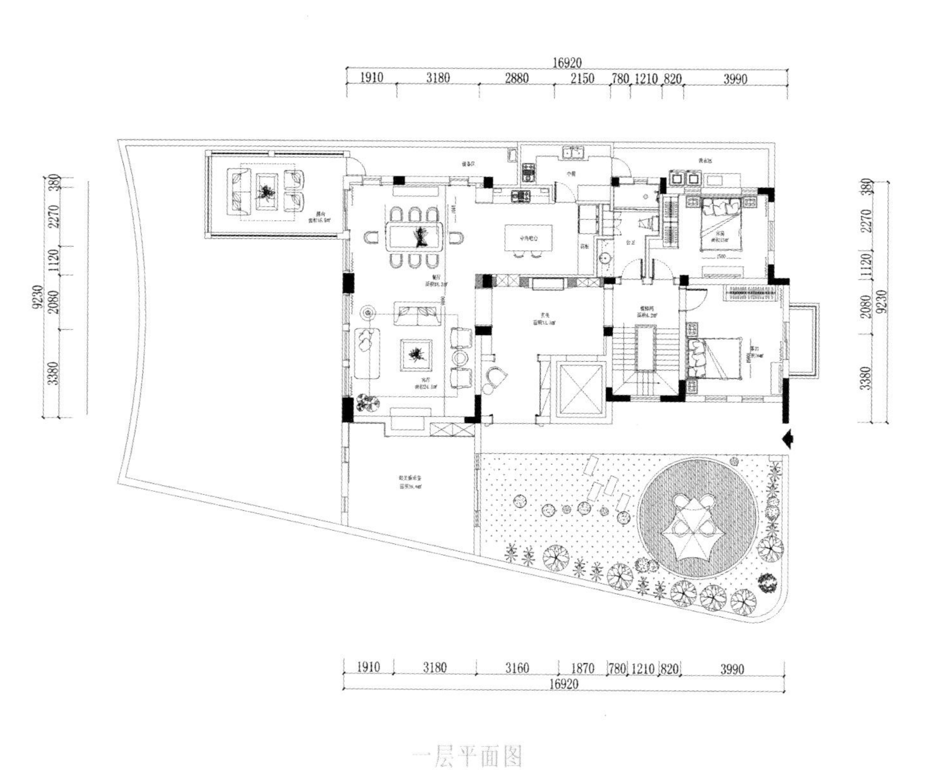

一层平面图

主要材料：大理石、抛光砖等

设计说明

本案为一个私人别墅会所项目，业主是位成功人士，喜爱摄影和旅行，见多识广，拥有并造就不凡的审美情趣。

他需要什么样的家居空间？

一种家的温馨

一种回归的亲切

一种拥抱自然的纯粹

一种热爱生活的美好

一种执著梦想的感动……

厚重而柔软的沙发，飘着墨香的书籍。在这里能包容下疲惫的身心，家人在此聊天、欢笑、享受天伦之乐。

庭院深深，禅意浓浓，雕花的手工实木屏风，雅致的茶具。每当面临选择的路口时，坐下沏上一壶好茶，细细品茗——品茶就是修行。

私人专业酒窖藏有大量红酒。

寒冬与暖春在这里只差一杯勃艮第葡萄酒。

谢辉设计 设计作品

AMERICAN-STYLE RURAL LIFESTYLE WITH DECORATION PRINCIPAL

装饰主义的美式乡村风情

项目名称：领袖别墅 面积：650 ㎡

设计师：谢辉 户型：独栋别墅

元素运用：繁复的花艺元素

整个空间将花纹的元素运用到极致，充满装饰主义风格，圆形波斯地毯的图案与顶棚板的图案对应，繁复却不会让空间累赘，花纹蔓延到楼梯的扶手和墙面的装饰，楼梯的镂空图案，十分迷人，通透而有灵气，让人一进门就能感受到一种精致优雅的气氛。而在客厅的墙面，设计师用镶嵌的手法，继续重复花纹的元素，将花纹元素进行变形处理，使整体空间变得连贯。

设计说明

每个人对家都有一个期盼的梦，时常想起童年生活在农村的老院子，每家每户围起来形成一个椭圆圈，中间有块大大的院子，小伙伴的欢声笑语和秋天满院子晒的稻谷。爷爷家的房子是一个小独排，有高有低、错落有致，堂屋出来下到十几步大石梯才能到院子里。那种老祖宗自建的房屋虽很破旧，采光也差，却有着一种建筑错落关系的美感。我在梦中常常回到那里。这可能是我对别墅的初步认识吧：有院，有梯，有错落，有堂屋。

在 2012 年，我与一位业主相识，并荣幸地承接了其别墅的设计改造工作，从建造外观到室内，历时两年半，最终呈现。我比业主的孩子略长几岁，年龄的相差并未妨碍我们的沟通，反而在一次次交流中建立了相互的欣赏和信任。这是这个项目顺利完成的基础。

我们重新梳理了室内动线，并且让原本 400 m²改建为 650 m²后的空间的尺度更为协调，为了让居住者生活在一个健康的室内环境中，我们让室内的空气更为流通，并且借助科技设备一起解决现实环境带来的问题，最后用我们的设计语言让空间穿上了一件适合业主的外衣。

如何体现居住者的气质是我们一直努力的方向，空间、健康、情感一起交织形成这种气质，即力度、沉稳、一点传统、有新的尝试，这些可以代表这个项目的最终呈现，也可以代表我们对业主愿望的解读，构成了她宜居的家。

MID中绘社 设计作品

HONORABLE, MYSTERIOUS ITALIAN-STYLE NEW CLASSICS

尊贵神秘的意式新古典

项目名称：重庆 中庚阅玺别墅样板间 D3 地点：重庆 面积：530 ㎡

主要设计师：许思敏、林佳、梁恩 摄影：井旭峰

灯光设计：几何分割灯光

餐厅空间最大的特点是空间的灯光设计，用非常夸张的矩形框架，大胆地分割出大块的框架，使原本低矮的空间因为这些光源和几何的块状结构，通透、生动且别出心裁。

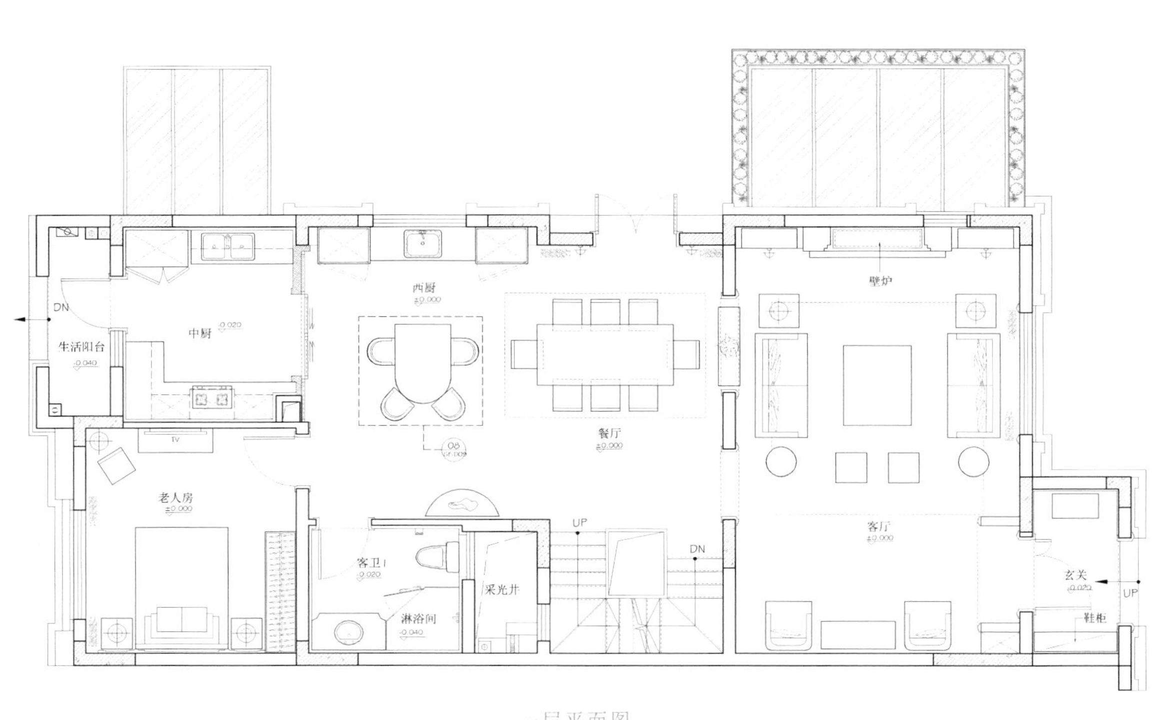

一层平面图

主要材料：石材、木料、瓷砖、壁纸、玻璃、皮革、布料

色彩搭配：点缀色提升空间气质

空间的整体色调属于中性，乳白色墙面搭配深棕色木制装饰线条。同样，家具也以棕色为主，挑高空间的大理石墙面搭配黑色的大理石壁炉，整体的基调十分沉稳高贵。在点缀色上则采用红色的灯罩，酒红色的抱枕面料。另外，地毯上也点缀有红色，花艺上也有大红色与其进行呼应，用全方位的点缀色连起整个空间。装饰画上的蓝色则与红色形成对比，给空间带来一丝神秘感。

设计说明

该别墅是由地下 1 层和地上 4 层组成，采用经典美式风格，总体呈现稳重、大气、高雅之感。本案设计的家具保持了美式风格经典的大方沉稳，体现中产阶层对生活品质的讲究、对高雅格调的追求，以及对款式、材质实用性和装饰性的协调统一。

整体空间的色调以中性沉稳的深棕色为主，大面积的实木家具配以美式风格的壁纸、地毯和其他经典棉麻质地的软性装饰，同时，挑高的顶棚衬托出了雅致水晶灯和墙面挂画的艺术性美感，呼应着铜制的画框和装饰品，以及皮革的座椅，营造了温馨舒适的家庭生活气息和优雅低调的氛围。

该设计所走的风格路线为经典美式，不过设计师在空间中巧妙地融入了中国元素，如客厅中央和主卧墙壁及软性装饰品上，有着在中国文化中象征着富贵吉祥的孔雀图案；另外，在次卧（即父母卧房）里，则使用了古朴文雅的青花瓷挂画和装饰图案。这些元素彼此呼应、相互融合，没有突兀感，又能体现出房业主人的文化审美和优雅品位。

全屋的功能设计很全面，尤其令人眼前一亮的是地下一层的多功能室，各休闲娱乐的功能分区排布得紧凑却不拥挤， 而且活动区域也显得宽敞舒适，整体色调协调，装饰品多且精致，但是不会显得杂乱，彰显出大气高雅、气派非凡的气质。

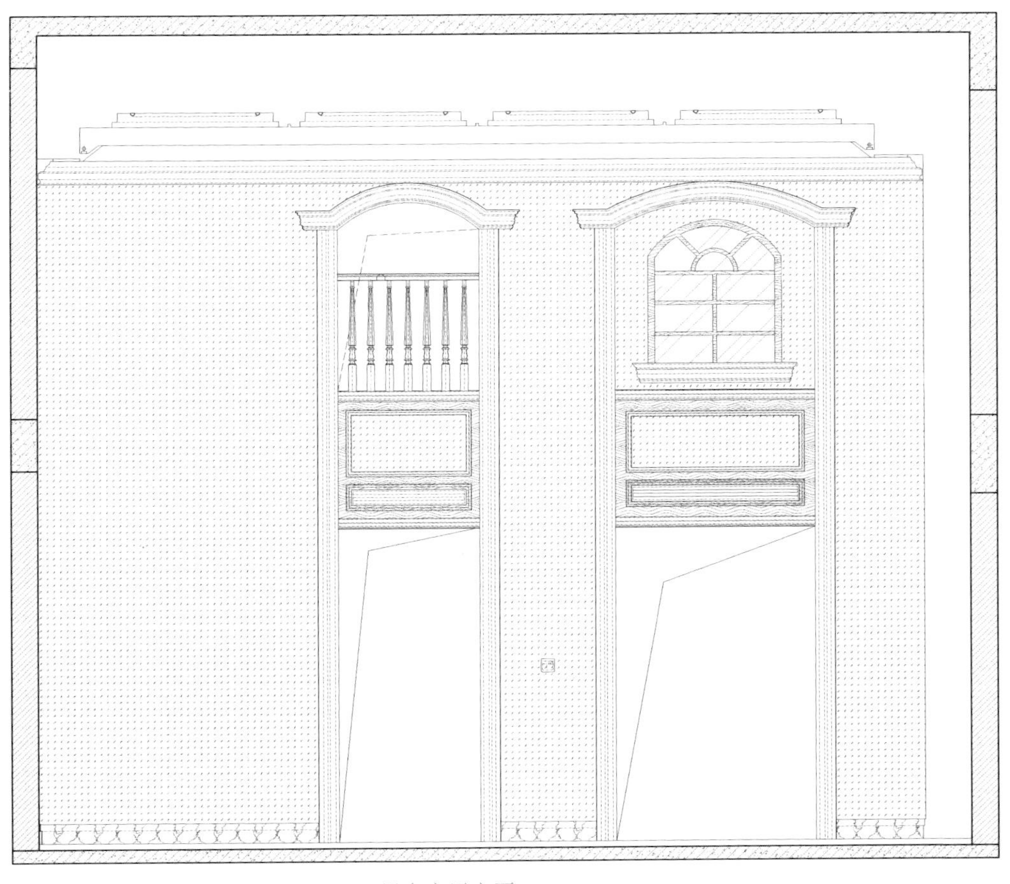

一层会客厅立面 1

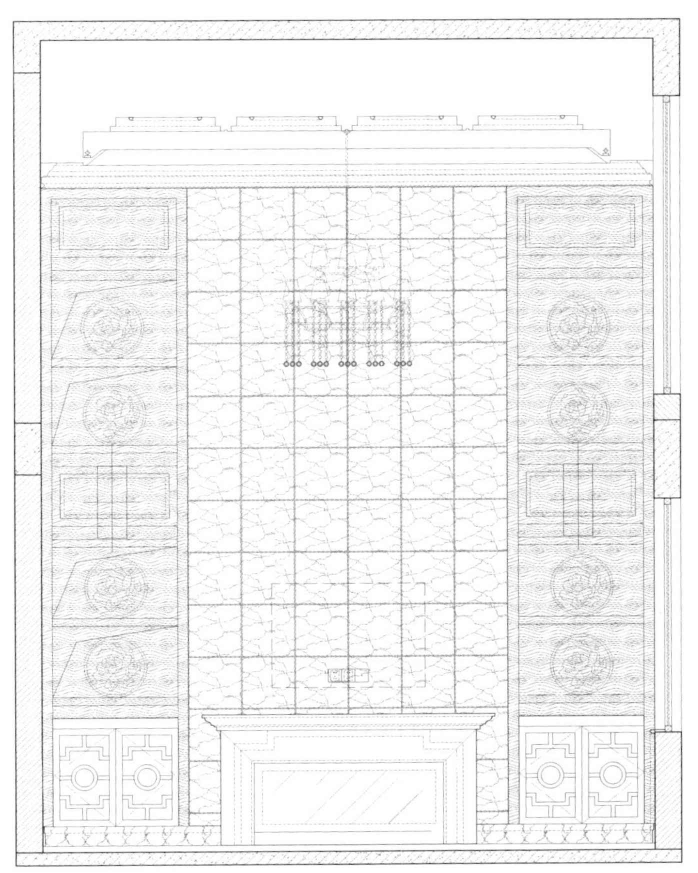

一层会客厅立面 2

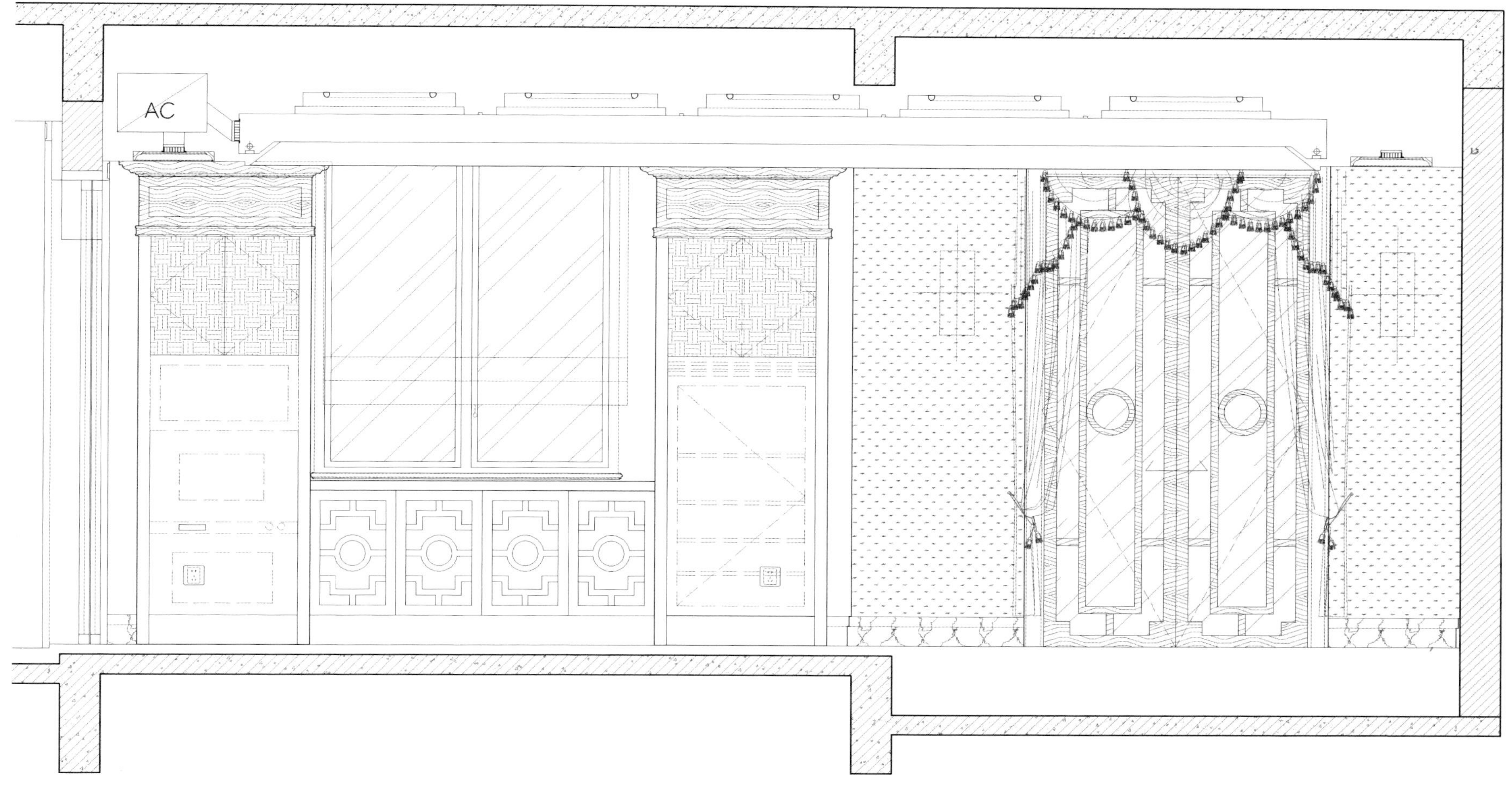

餐厅西厨立面图

布艺设计：布艺的戏谑游戏

主卧的布艺采用中西结合的方式设计和制作，雍容华贵的床品充满褶皱、拼花，挂坠等细节，是西方布艺的经典元素，而在此间穿插有青花图案的面料，又让空间多了几分东方的优雅；儿童房的面料更加充满戏谑之感，黄色和藏青大条纹，在床品上横向排列，在地毯上纵向摆放，简单的安排，却形成十分出彩的效果。

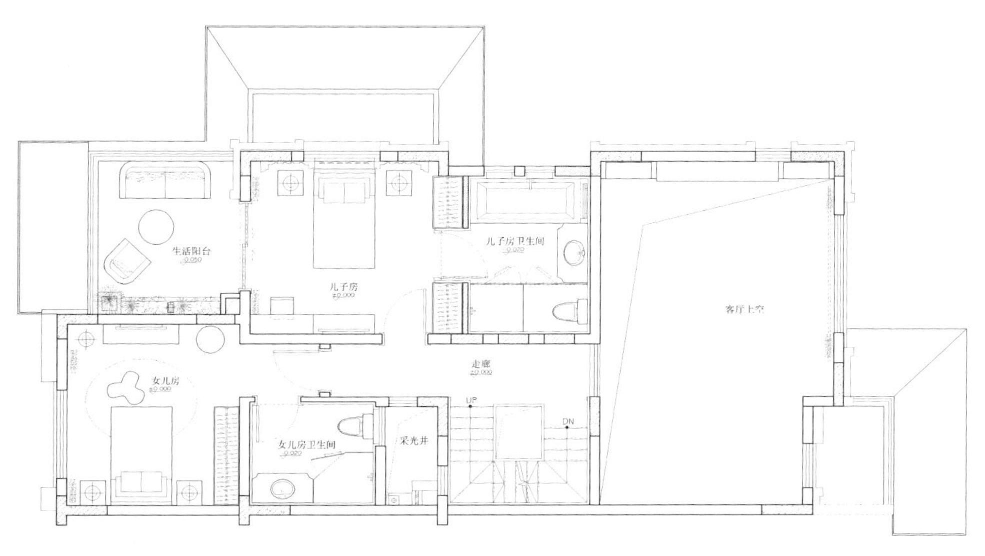
生活阳台
-0.050
儿子房
±0.000
儿子房卫生间
-0.020
客厅上空
走廊
±0.000
女儿房
±0.000
女儿房卫生间
-0.020
采光井
UP
DN

二层平面图

主人房立面图 1

主人房立面图 2

挂画
衣帽间1
±0.000
工作阅读区
±0.000
挂画
主人套房
±0.000
衣帽间2
±0.000
观景露台
楼梯间
DN
空调主机
采光井
主卫
-0.020
淋浴间

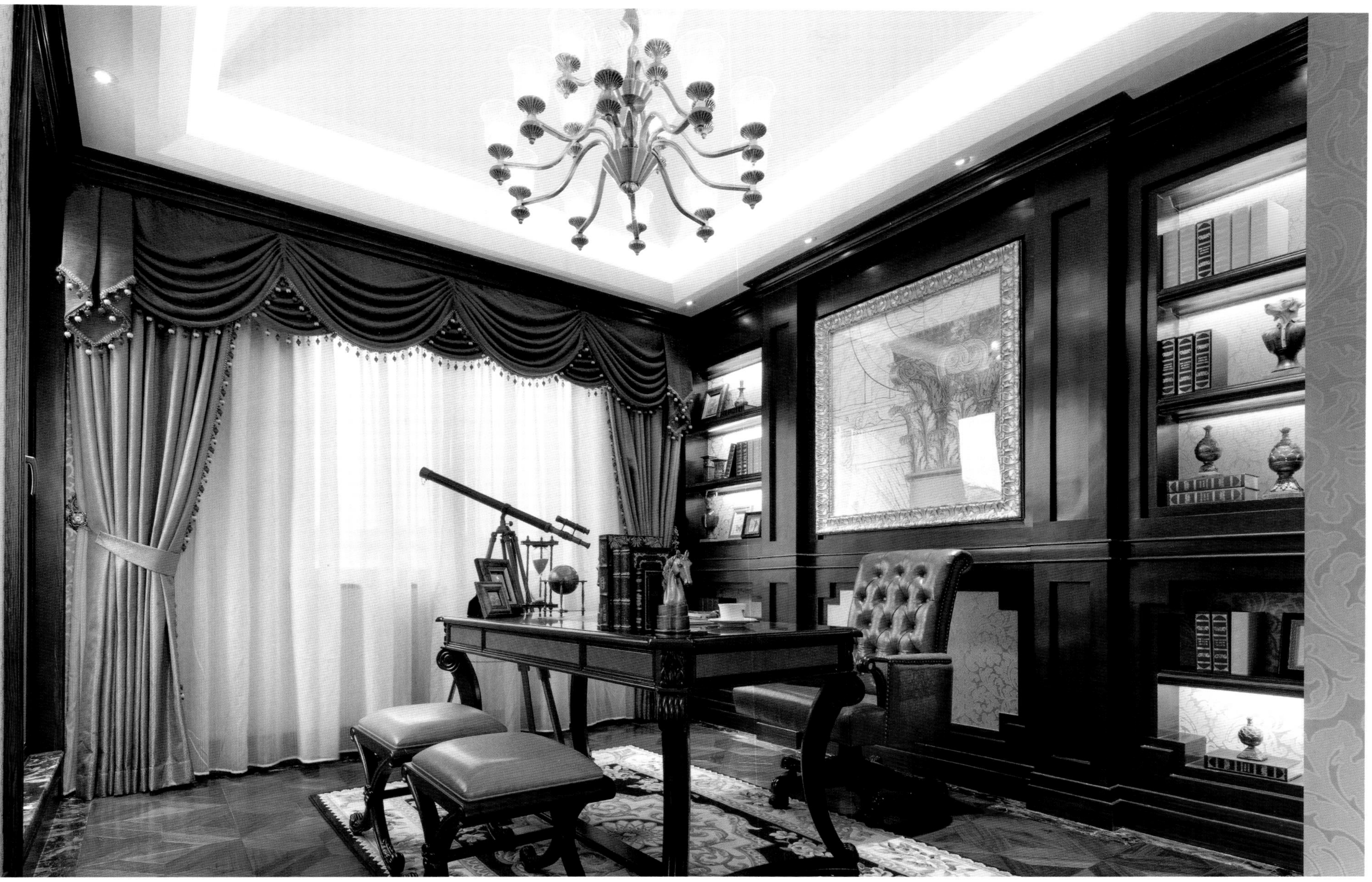

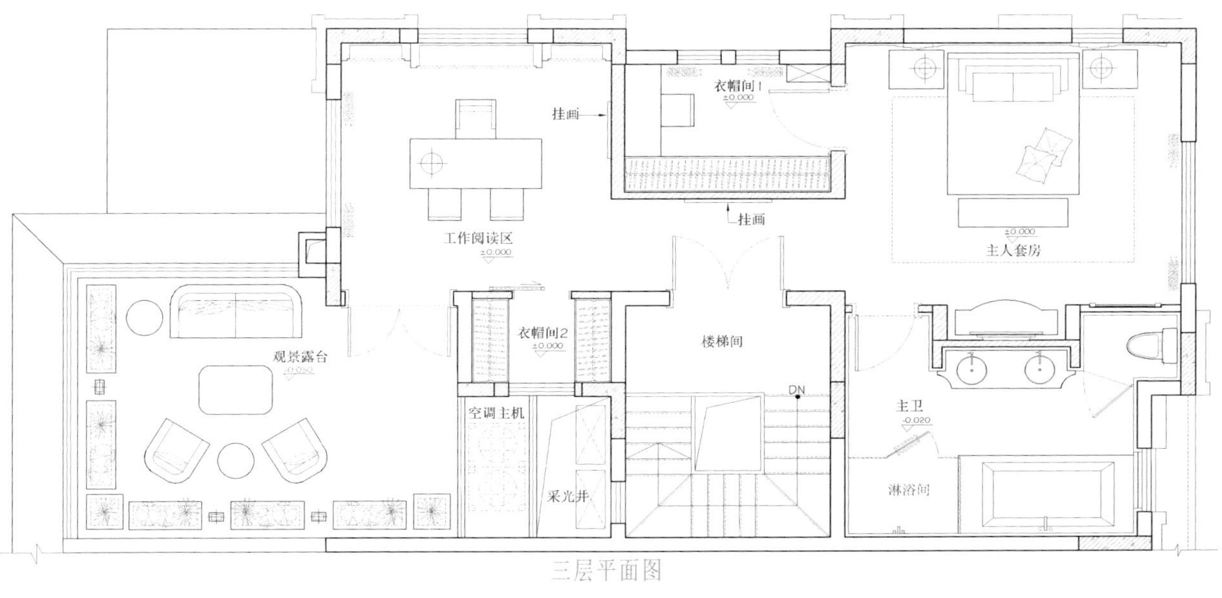

三层平面图

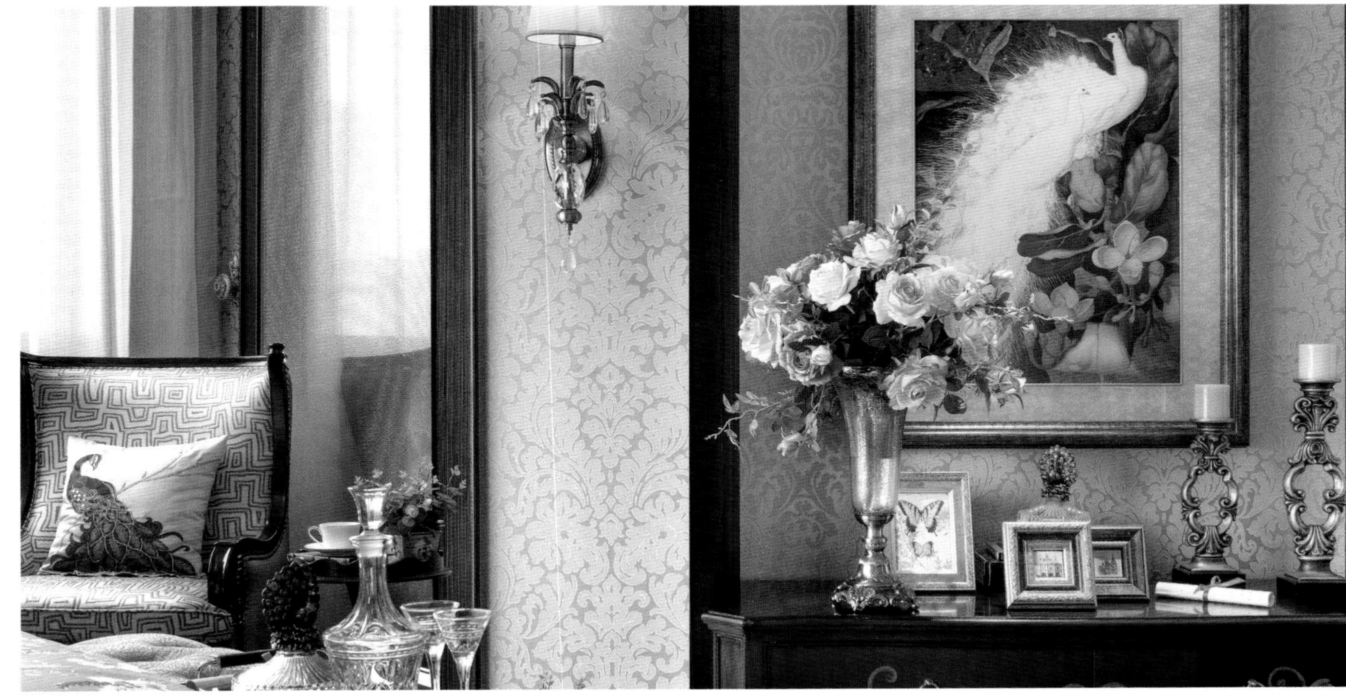

尚 层 装 饰 （ 北 京 ） 有 限 公 司 杭 州 分 公 司 设 计 作 品

RETRO STYLE IS COMING, CARRYING AMERICAN-STYLE THROUGH TO THE END

复古风来袭 将美式进行到底

项目名称：杭州大华西溪澄宫 地点：浙江 面积：335 ㎡

设计师：池陈平 摄影：叶松

软装布艺：通透窗帘冲淡空间厚重质感

空间采用了明度比较低的深木色，而且选料厚实，整体透出稳重沉闷的感觉。窗帘的选取便要平衡室内空间的质感和色彩重量，客厅和书房分别选用格纹与暗花纹样的半透明纱帘，形成美观的纹理和层次感，增强了室内外的光线流通，令客厅与书房空间瞬间变得清凉通透。

主要材料：樱桃木护墙、进口壁纸、进口大理石漆、皮革、卡布奇诺石材

家具选择：怀旧家具给予别样风情

复古美式家具以崇尚自然为主，以深浅不一的棕色描绘整体空间，有浓重的仿古气息，给人一种深沉的感觉。皮革质感的沙发低调不张扬，与木材和谐融合，在细节处添加斑马纹饰的设计，尽显精致心思。做旧工艺的木桌仿如航海时期的木箱子，突显了历史的沉淀感。

灯具选择：简约独特的美式之光

造型朴拙又颇有韵味的树枝吊灯，表达了业主对自然的兴趣和热爱，从自然中提取的造型元素成为最好的装饰，也令这个灯具多了一些独特之处。光线柔和的射灯组合，渐层式地发出丝丝光芒，微暗的空间也随着富有节奏的灯光而逐渐明亮了起来。

设计说明

放弃过于“现代”和“新颖”的家具，尽量选择能够体现时间与文化沉淀的产品，以此配合硬装中的风格主题；同时利用大胆撞色来协调整个空间的色彩效果。

设计师与业主的共同参与使得家庭环境高度贴合家庭成员的审美情趣和生活需要，并且在充分满足家庭生活需要的前提下，营造出设计细节的精致与准确，以此超越一般意义上所谓“泛美”或者“泛欧”的中国式模仿。

是的，一栋住宅的建造，倾注着主人和设计师大量的心血，同时也寄托着对于生活的理解和希望。

陈设配饰：精致配饰营造雅致家

美式风格比较注重居室中的历史沉淀感，反映在陈设摆件上则是对仿古艺术品的偏爱。玄关柜和电视柜上的鹿与鸽子的动物造型摆设相当精美，对称式的布局，做旧的金属、质朴的石膏材质处理，散发出对复古、时尚的精致追求，令人不由得对每一个细节细细观赏。

尚 层 装 饰 （ 北 京 ） 有 限 公 司 杭 州 分 公 司　设 计 作 品

AMERICANISM RE-MARKING CLASSICS

复刻经典的美式主义

项目名称：邂逅美式　地点：富阳　面积：440 ㎡

设计师：董元浦

软装布艺：舒适又随意的美式布艺

餐厅中用布艺全包式餐椅，采用高密度的海绵内里，厚实的坐垫和靠背设计，为就餐时提供足够的舒适体验。壁炉旁的布面四脚椅，在扶手处细心地包裹上一层加厚的防滑棉麻垫，重视生活的自然舒适性，椅背处描画雅致的花卉图案，突出清婉惬意的格调。淡雅舒适的藕色绒布盖毯随意铺盖于上，休闲的外观质感，柔化了居住空间。坐于窗前听鸟语花香，看云聚云散，不负一片明媚春光。

陈设配饰：美式花器装点家居

当和煦的阳光和绚丽的花朵走进家居之中，花器的陪衬装饰让人们的生活更加绚丽多彩。绿色半透明的玻璃花瓶与枝叶的新绿相得益彰，为居室带来一丝清凉。全透明的长花瓶更为百搭，做旧的金属底座为器皿赋予了怀旧复古的特质，用来搭配各色花卉植物，提升居室的品位与层次。深色陶土花瓶充满自然韵味，简单插上素雅的花朵，在理性典雅的空间中利用局部的色彩反差来为居室提供新鲜感，彰显出主人的艺术审美情趣。

设计说明

该住宅原来的结构有很大的问题，厨房太小、餐厅太小、楼梯错位和两个空间之间不完整。但是又有一个在客厅和餐厅之间采光很好的天井，很是不协调。

为了让厨房和餐厅都能具有更舒适的使用功能，我们利用天井的空间做成了餐厅，把原来的厨房餐厅合并成一个大厨房，使餐厅与客厅的互动更融洽，也更通透。

同时改造天井上方的空间，把二层以上的空间做成南北独立的套房，经过我们对空间的重新规划，大大增加了房子的使用面积，让业主更好地体验新生活。

色彩搭配：高雅温馨色彩的自然流露

在整体空间弥漫着简约质感的设计前提下，设计师运用浅淡的灰色调和自然木色搭配，让室内呈现出优雅、亲和的温馨气息。深藕色让沉稳端庄的房间不会过于老气，自然流露的高雅质感更能给人一种沉稳、踏实的舒适感受。纯白色的简约顶棚和半透明窗纱更是平添了空间的明亮质感。

NEOCLASSICAL STYLE 新古典风格

风格概述

新古典主义又称古典复兴，兴盛于18世纪中晚期，19世纪上半期发展至顶峰。主要特点是“形散神聚”，讲求风格、追求神似，用现代的手法和材质还原传统轮廓与古典气质，具备古典与现代的双重审美效果；注重装饰效果，用室内陈设品来增强历史文脉特色，往往运用古典线板等元素、家具及陈设品来烘托室内环境气氛；在颜色上，白色、金色、黄色、暗红色、宝蓝色是常见的主色调，再糅合少量白色，使色彩看起来明亮。

色彩

新古典主义风格中常见的主色调有白色、金色、黄色、暗红色，糅合少量白色，多用金色与暗红，稍加柔和的白色则显得明亮淡雅，突显尊贵雍容。通常以白色、米色、香槟色作为主色调，搭配金色、大红色、宝蓝色、翡翠绿色等典雅色彩的家具布艺，加入水晶、金属色等绚丽的配饰摆件，营造华丽典雅的空间氛围。

家具

新古典风格家具风格多样，结合古典风范和现代精神，呈现出多姿多彩的面貌；新古典家具式样精炼、做工讲究、传承鼎新、以简饰繁，曲线少，平直表面多，线条简练。虽有古典的曲线和曲面，但少了古典的雕花，又多用现代家具的直线条；在颜色上，常见的主色调有白色、咖啡色、黄色、绛红色。它保留古典家具材质和色彩的大致风格，将古朴与时尚融为一体，成为新古典家具的生动体现。

灯具

新古典主义风格的灯具古典优雅、奢华浪漫、搭配讲究，灯具光线体系突显对古典韵味的表达。包括具有相同古典精神的主要灯具，如采用铁艺花灯，打造简约自然的格调；采用与壁炉搭配的壁灯，烘托和升华室内温暖和谐的气氛；采用源于巴洛克的水晶灯及搭配带有柱式样式家具的筒灯、水晶吊灯等，尽显华丽优雅的气质。

软装布艺

新古典主义风格布艺多采用绸缎或植绒类或质感舒服的麻、纯自然优雅的面料，如棉、丝绸、羊毛等。布艺包括比较有质感的窗帘、窗纱等。窗帘以简约明快的布和纯色布为主，挂法考究、优雅富丽、实用美观，能够美化居室；窗纱的材质上富有厚重感；在色彩上二者均以深色系或米黄色为佳。

元素

美式风格的常见运用元素包括木架结构吊顶、厚重的护墙板造型、石头壁炉造型、铁艺门窗、楼梯栏杆等，以及铆钉、铁艺等细节元素。通常会在客厅或书房空间内运用厚重的棕红色实木护墙板，营造沉稳舒适的美式古典韵味；美式风格的壁炉通常造型简洁，多以粗犷自然面的石材取胜，意在营造自然温馨的空间氛围。而装饰缠枝花纹的铁艺门窗及家具细节上的铆钉、铁艺元素的运用，则以精细用心的细节令美式空间更具文化和艺术气息。

SCD（香港）郑树芬设计事务所 设计作品

SIMPLE EUROPEAN STYLE SHOWING LOW KEY, LUXURY

简约欧式显低调高贵奢华

项目名称：海口•海航豪庭北苑三区C户型 地点：海南 面积：293 ㎡

主案设计师：郑树芬、徐圣凯 软装设计师：杜恒、陈洁纯

软装布艺：静柔质感的素雅布艺

居室中的整体风格营造出沉稳舒适的感觉，客厅中的沙发布面采用天鹅绒与亚麻的组合，为这个区域增添了几分亲和力。墨蓝色、普蓝色与麻黄色的轻柔色彩搭配，给人带来一缕平静的感觉，沉浸于舒适的沙发与靠枕之中，让俗世中烦躁不安的心灵瞬间得到慰藉。普蓝色和奶油色为餐厅区域营造出静谧感，使主人在用餐时也会感到非常的安心舒适。

设计说明

海航豪庭是海航地产开发的实力豪宅，独占大英山国际旅游岛 CBD 龙头之位，守望 CBD 大都会繁华未来，是集政务、商业、交通、生活等多功能为一体的核心领地，为中产精英阶级构建宜居至美生活港湾。

摒弃繁复厚重的古典欧式风格，将其进行简化创造，结合都市元素，使其成为给年轻一代带来充满活力的现代简欧设计。复古的黑色金箔梅花纹边柜仿佛 20 世纪欧洲贵族的名贵家当，再巧妙地搭配一幅现代画作，新与旧、现代与复古，碰撞出现代欧式的火花。

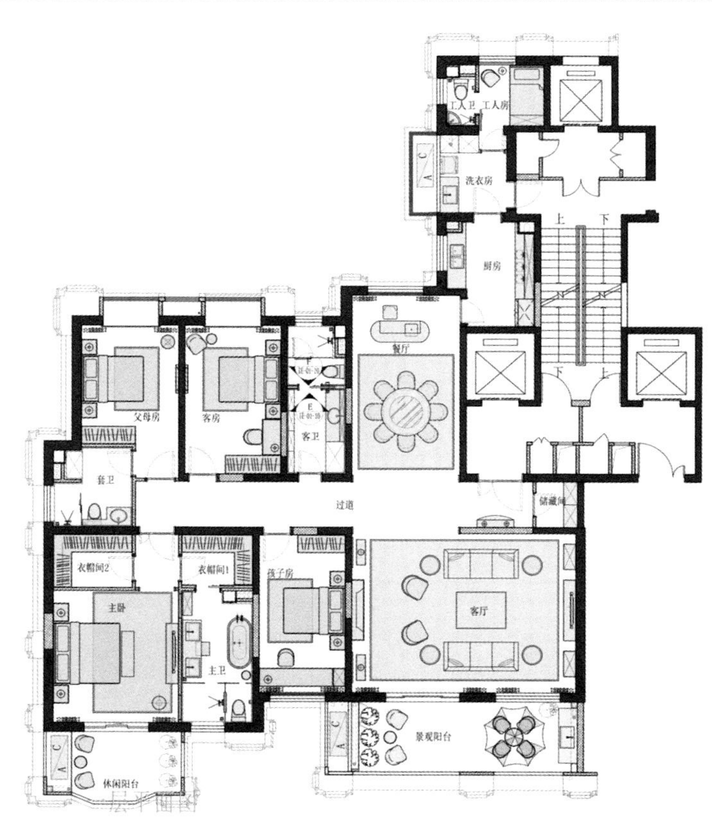

CAROLINAS FRUIT & VEGETABLE GARDENING
WEST
COOK BOOK
COUNTRY
GEOFFREY BRADFIELD · ARTISTIC LICENSE

陈设配饰：
精致挂画是品位的追求

卧室的墙面上挂着设计师精心挑选的内容简洁的装饰画作为空间的点缀，画面中带有浓郁的抽象色彩且偏单色的装饰画，能够很好地呼应空间色调与氛围。以浅紫色为主色调的装饰画与背景墙、沙发椅、地毯的色调保持一致；灰黄色和棕色的床品色调也达到和谐统一的效果。每幅画和居室的光线与色彩都有着微妙的明暗对比，在细节之处彰显精致的设计内涵。

绿植花艺：优雅花艺，缓慢生活步调

一些简单而恰到好处的花艺设计，能大大改善家的环境和提升家的质感。在花器的选择上，设计师选择了造型利落、简单，材质光滑的玻璃瓶和陶瓷瓶，避免与原本的居室环境产生冲突，让植物成为主角。玄关处、客厅的一角装点上淡雅的花卉，更加富有视觉层次。餐桌上摆放恰到好处的珊瑚果，明快颜色的点缀令餐饮空间增添活力和食欲，让一家人度过愉悦、融洽的饮食时光。

奥讯室内设计、奥妙陈设团队 设计作品

MAGNIFICENT HEART-WARMING STYLE WITH SIMPLIFIED EUROPEAN STYLE

简欧风的华美暖心格调

项目名称：七彩云南·古滇王国文化旅游名城——湖景林菀 300 户 地点：昆明

面积：451 ㎡ 设计师：罗皓、朱芷谊团队

项目业主：昆明七彩云南古滇王国投资发展有限公司

软装布艺：高颜值地毯的大气魅力

地毯的经典图案与低饱和色彩碰撞，将传统与现代兼收并蓄。视听室里的地毯将蝴蝶图案夸张重塑，赋予其更强烈的视觉张力，使空间多了一份悦动的灵感。卧室中的地毯图案构成则趋于婉约柔美，协调室内空间的温馨氛围。大面积通铺的地毯能够很好地为空间吸音，不仅可以去除视听室过多的杂音，还有助于卧室安静氛围的营造。

一层平面图

设计说明

穿越回到 19 世纪的英国，你希望自己是皇室，是伯爵，还是平民？我倒是希望自己是阿尔米娜 · 沃姆布维尔——卡纳丰伯爵的妻子，或者说，唐顿庄园的女主人。

确切地说，我非常希望自己是英剧《唐顿庄园》的拍摄地、一所由英国议会大厦建筑师历时 28 年创作的艺术——海克利尔城堡的主人。

如今，屹立于云南昆明的湖景林菀 300 户，以英国皇室宫廷设计为基础，利用复古做旧的金与清雅俊逸的白结合精致柔软的面料、高级定制的工艺，完美打造了一个欧式英伦风的现代版唐顿庄园。

【外观】

暮色降临，位于世外仙境——昆明的湖景林菀，仿若繁华闹市中的一方净土，让人好奇府邸内的奥妙。

【客厅】

以大量的复古金与白色为铺垫，延续了英国王室贵族的经典，白绒毛毯与特色花纹抱枕相得益彰，置放在柔软的真皮沙发上，散发着典雅、奢华的气质。背景以一幅半掩半遮的欧式城堡画作为空间带来了神秘感，客厅的灯仿佛是从画中走出来一般，带着一些洛可可的元素，完美呈现了空间的古典与大气。

【餐厅】

餐桌旁一幅维多利亚式城堡画作让人仿佛看到了《唐顿庄园》的经典再现，两盏塔顶式的水晶灯巧妙地掩盖了原木餐桌的深沉，主人坐在金色雕花镶边的餐椅上，配以精致高档的餐具，举手投足间尽显优雅品位。

罗马式建筑圣保罗大教堂，汲取了古典建筑中特殊的、略带冷峻的、严肃而端庄的美，将其画作置放在室内，使人无形中就感受到了伦敦浓厚的宗教艺术氛围。

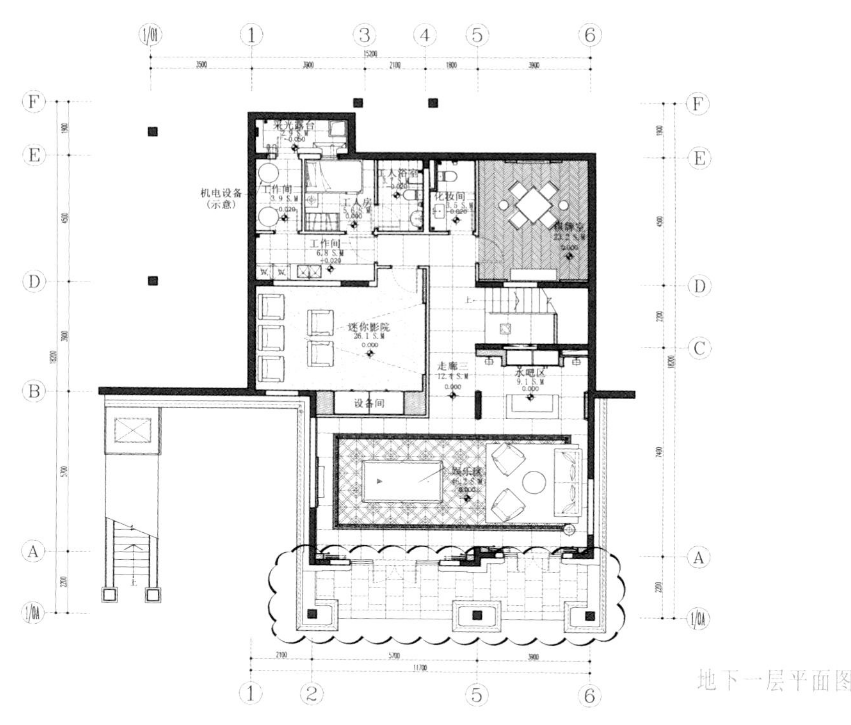

地下一层平面图

家具选择：时尚高雅的简约家具

高雅的奶油色皮革贵妃沙发造型饱满圆润，追求简约的线条和款式，高贵气质在无形之间自然流露。搭配棕色天鹅绒单体沙发，和居室色调协调统一。并不张扬的金属装饰，自然流畅地依附于沙发边缘，令空间既温馨豪华，又高雅含蓄。每天迎接清晨的阳光，舒服地坐卧于沙发上，心情亦可以收放自如，收获满满的惬意。

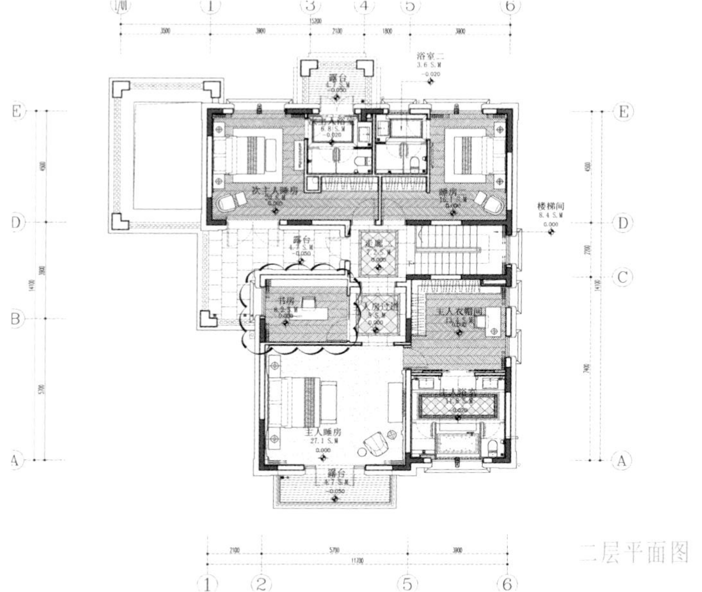

二层平面图

【客房】

纯白花纹镶边的镜框为浅灰色的背景墙镀上了金边，带着一丝洛可可的娇美，用金色与浅色调打造出每个女人心中的“粉红公主梦”。

舌尖感受着那丝封藏多年的红酒醇香，手中随意地夹着精品雪茄，身体舒展在复古的布艺沙发上，一阵寒暄过后，或置身于一幅幅不同年代的王室建筑画作，或与友人在台球桌上尽情作乐。人生如此，浮生如斯。

【影厅】

高级皮革的气质，美得让人陶醉。蝴蝶花纹地毯丰富了纯白空间，与时尚感十足的抱枕相互呼应。

【书房】

明灯净几，独享一隅之地的静谧。

【主人房】

主人房以自然、舒服的褐色家具搭配为主，并用香槟金提亮空间质感，顶棚的花纹设计延伸了整体空间的宽广度，精工细雕体现于细节之中。纹花丝绒地毯、丝滑高级的精品家具，无不透露着主人对生活品质的精致追求。

木质的床与柜的搭配，以复古的姿态张扬着，让思绪飘向那遥远的欧洲大陆。

【主浴】

简约的黑白对碰，地砖与盥洗台相呼应，延伸了空间的层次感，显得错落有序。

细节元素演绎：金色饰边为家增添贵气质

人们不止是追求欧式风格里大体量的富丽堂皇，更属意在其中添加一份浪漫优雅的独特风情。在单体沙发、边桌、落地灯及梳妆台镜子的轮廓边缘缠绕上一圈金色金属花纹饰边，雕刻花纹中吸取洛可可风格中唯美、律动的细节处理元素，这种细节上的奢华追求已成为欧式风格营造的经典时尚。

浙江绿城家居发展有限公司 设计作品

DELICATE, SUBTLE FRENCH STYLE

精致微妙的法式风情

项目名称：绿城·青岛深蓝中心 地点：青岛 面积：460 m²

设计师：王稀妮 摄影：三像摄

色彩搭配：深浅层次、同类色调共同营造空间

色彩从浅层次色米白色到深蓝色，在这个色系的范围内，用色彩的微妙变化，将空间的质感与氛围营造出来，使用金色作为点缀，带动整个空间的氛围，营造清丽脱俗的气质。细腻的渐变大理石图案壁纸，在丰富空间细节的同时，也可以形成极具格调的整体空间。就这样，在一层一层的过渡中，颜色的细腻和变幻多端给空间蒙上了一层梦幻的色彩。

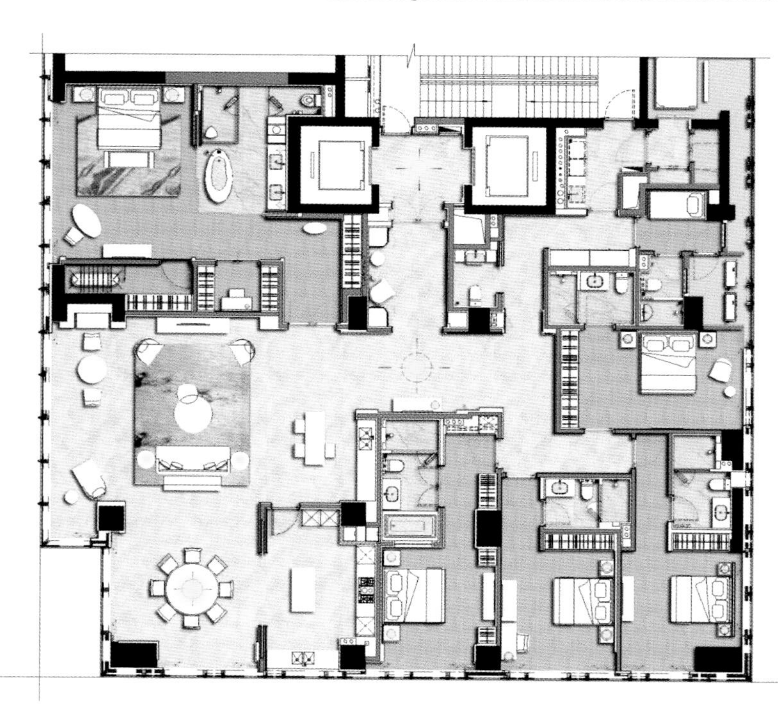

一层平面图

主要材料：皮革、金属、铜、水晶、金箔、布艺

设计说明

【前言】

设计是一种感受、一种心态、一种舒适的、开心的生活方式。

设计源于生活，精彩的生活才会有出彩的设计效果。

热爱工作，也是为了更精彩地生活。

【王稀妮】

她早年留学欧洲的经历对于作为设计师的她来说影响巨大。她最大的感触是，你不只可以成为一个设计师，也可以是个导演，是个建筑师，还可能是个装置艺术家。它会无限地发挥你对“设计”二字的想象力，无限挖掘自身内在的潜力。

大海，她最向往的地方。曾经，她幻想着自己拥有一间在海边的房子。清晨，推开窗户，就能感受海风的拥抱，那无边无际的大海在眼前一览无遗。然后和海子一样，做一个幸福的人，面朝大海，春暖花开。

她喜欢旅行，喜欢拿起相机，拍下沿途的风景，记录沿途的心情。那样的生活也是每个人想要的。然而那些新鲜有趣的事物不是只有旅行才可以带给你的。在家中，你也可以感受到那些别样的风景所带来的惬意。

【我的观点】

在蓝色旅行中收获浪漫——青岛深蓝广场

在青岛深蓝广场的软装设计中，设计师引入了一些比较超前的观念，从而打造一个与众不同的空间，例如一个媲美超五星级酒店的海景套房。让空间退后，让景色前进的理念在不断的修改后完美地表现出来。

设计永远是为人服务的，每个人都有属于自己的色彩，将个性的色彩通过空间传达出来才是优秀的设计。

通透的客厅设计，将海天一色的海景引入室内，室内外空间的巧妙融合让房间不再是独立的个体。可 360 度旋转的茶几也给空间提供了更多的可能性。

餐厅延续了整体的蓝、金色调，用一款原产自意大利纯手工打造的水晶灯为空间增添一份灵动。桌上精致的餐盘，无不体现着主人对精致生活的要求 。

主卧在设计上致力打造一种宁静、平和的感觉，进入这个空间自然而然地卸下一身疲惫，放眼四周，仿佛身处浩瀚海洋中一艘度假的小舟，轻松且浪漫。

此处在配色上用了多种阶梯灰、弱对比的手法，让整个空间显得丰富而有温度。色泽柔和细腻的冰川灰与浅紫色的组合，有着旭日东升明月初上的朦胧之感，那一份空灵的细腻是我们无法抗拒的。

配饰设计都回归到了生活最本真的一面，去除了过多的装饰性痕迹，让配饰和景色相融成为一体。让您真正感受到空间的氛围，去享受那最真实的生活。

儿童房突破以往比较生活化的设计，在淡雅的冰川灰空间中加入色泽清浅的樱花粉，像极盛开的樱花粉羽毛礼服，于朦胧中增添一份梦幻与浪漫。

蓝白色调的搭配最容易带来海滨风情，纯净醒目的维多利亚蓝，让人过目不忘，在大面积白色背景的衬托下，显得更加简约、清晰。让人在放空身心的同时，也可以静享恬淡的生活。

元素细节：精致质感的元素点缀空间

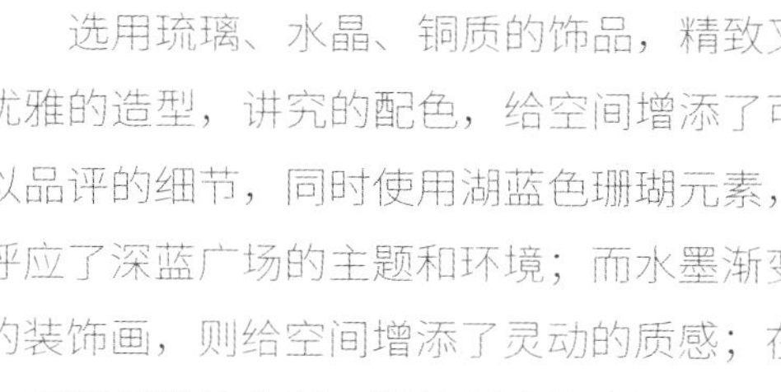

选用琉璃、水晶、铜质的饰品，精致又优雅的造型，讲究的配色，给空间增添了可以品评的细节，同时使用湖蓝色珊瑚元素，呼应了深蓝广场的主题和环境；而水墨渐变的装饰画，则给空间增添了灵动的质感；在一些不起眼的角落，设计师也为空间赋予了主题，无论走到哪里都有让人赞叹的细节元素。

陈设配饰：主题配饰贯穿空间

整个空间的软装设计，一定围绕着一个主题，那就是海洋。所以，在装饰画上，尤为体现出这个主题，海洋的风景摄影、大海气息的渐变装饰画、脱俗而造型独特的花器摆件，无不体现整体的主旨；而与此同时，为了让空间更有力度和质感，设计师又增添了铜件的小型摆设，以及香槟金箔的器物；镜面的陈设也十分有新意，给空间增添了一分层次。配饰设计都回归到了生活最本真的一面，去除了过多的装饰性痕迹，让配饰和景色相融为一体，让您享受那最真实的生活。

设计说明

【前言】

"爱琴海是最接近天堂的地方"，这个似乎将世界上的蓝色都用尽的地方显现出迷醉心灵的诱惑。在天池公寓 270 户型的设计中，设计师把充满梦幻色彩的蓝色发挥到了极致，恰如其分的灰白，让整个空间增添了几分浪漫情怀。提及浪漫，人们的第一联想到的就是法国的浪漫：塞纳河边的闲庭信步，香榭丽舍树荫下的低头徘徊，酒吧里的慢饮斟酌，咖啡馆里的窃窃私语。梁思成曾说："一个好的设计师必须要有哲学家的头脑、社会学家的眼光、工程师的精确和实践、心理学家的敏感、文学家的洞察力与艺术家的表现力。"在本案的设计中，设计师以"不跟随"的设计手法让浪漫的爱琴海设计风格表现力十足，结合当下人们对于简约而不简单的生活的向往，注入了欧式家居的典雅和华贵，别致的家具造型、触感十足的织布用品、晶莹剔透的器皿、时尚婉转的线条，这些都恰到好处地表现了设计师的匠心独运，独领风骚。

在整体色调上，柔和高雅的蓝白色调让整个空间倍感清新爽朗，将海岸上的那一抹蓝沿用到室内的整个空间，显示出温馨浪漫之气，明亮而又亲切。复古的装饰线花纹、精雕细琢的配饰、明亮简洁而不过度装饰的墙面，再点缀少量香槟色的自然图案，爱琴海的典雅与浪漫呼之欲出。

【客厅 & 餐厅】

选用"性冷淡"色作为基调，墙上的艺术挂画、电视机柜上的装饰盒、桌上深海蓝玻璃器皿非常应景，打破沉睡中的寂静，让设计的主题在此得到了深化；

与客厅一墙之隔的休息厅继续沿用之前的格调，但在形式的处理上巧妙地打破常规，结合了日式的榻榻米。设计师运用两边不对称的墙体设计，把蓝天白云下的爱琴海引到了空间中，让人感觉仿佛坐在柔软的沙滩上，欣赏着碧海蓝天。再泡上一壶沁人心肺的茶，品味生活带来的乐趣。

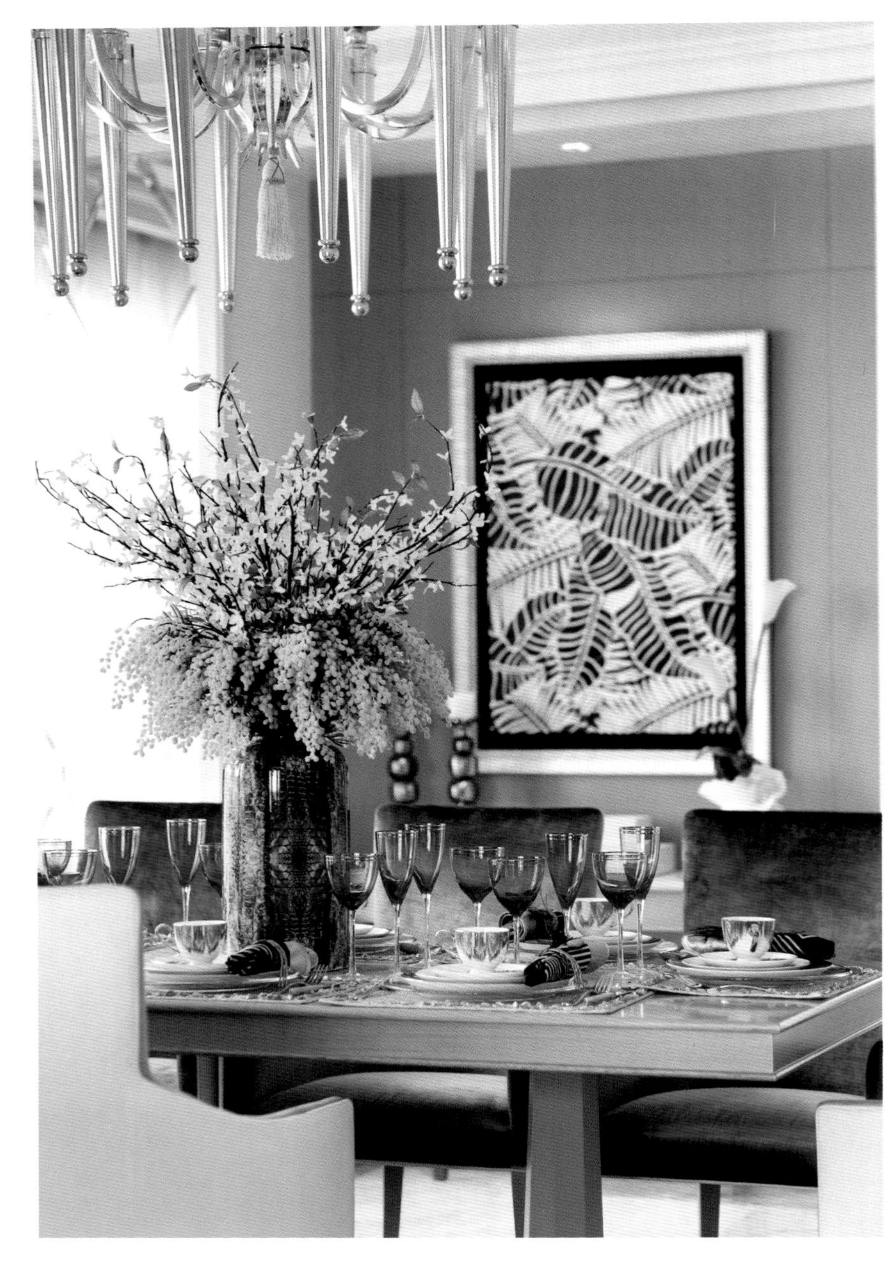

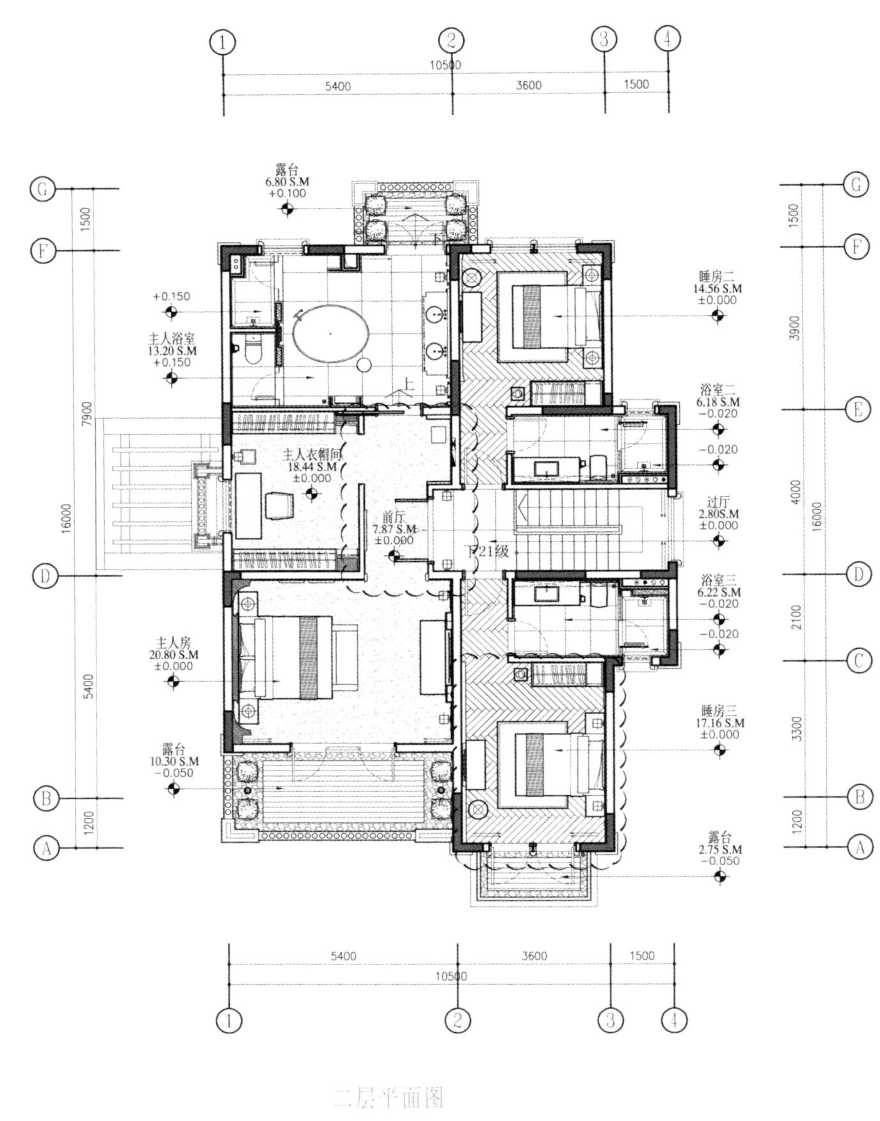

10500
5400
3600
1500
露台
6.80 S.M
+0.100
+0.150
主人浴室
13.20 S.M
+0.150
上
主人衣帽间
18.44 S.M
±0.000
前厅
7.87 S.M
±0.000
下21级
主人房
20.80 S.M
±0.000
露台
10.30 S.M
−0.050
睡房二
14.56 S.M
±0.000
浴室二
6.18 S.M
−0.020
−0.020
过厅
2.80S.M
±0.000
浴室三
6.22 S.M
−0.020
−0.020
睡房三
17.16 S.M
±0.000
露台
2.75 S.M
−0.050
1500
3900
4000
2100
3300
1200
16000
7900
5400

二层平面图

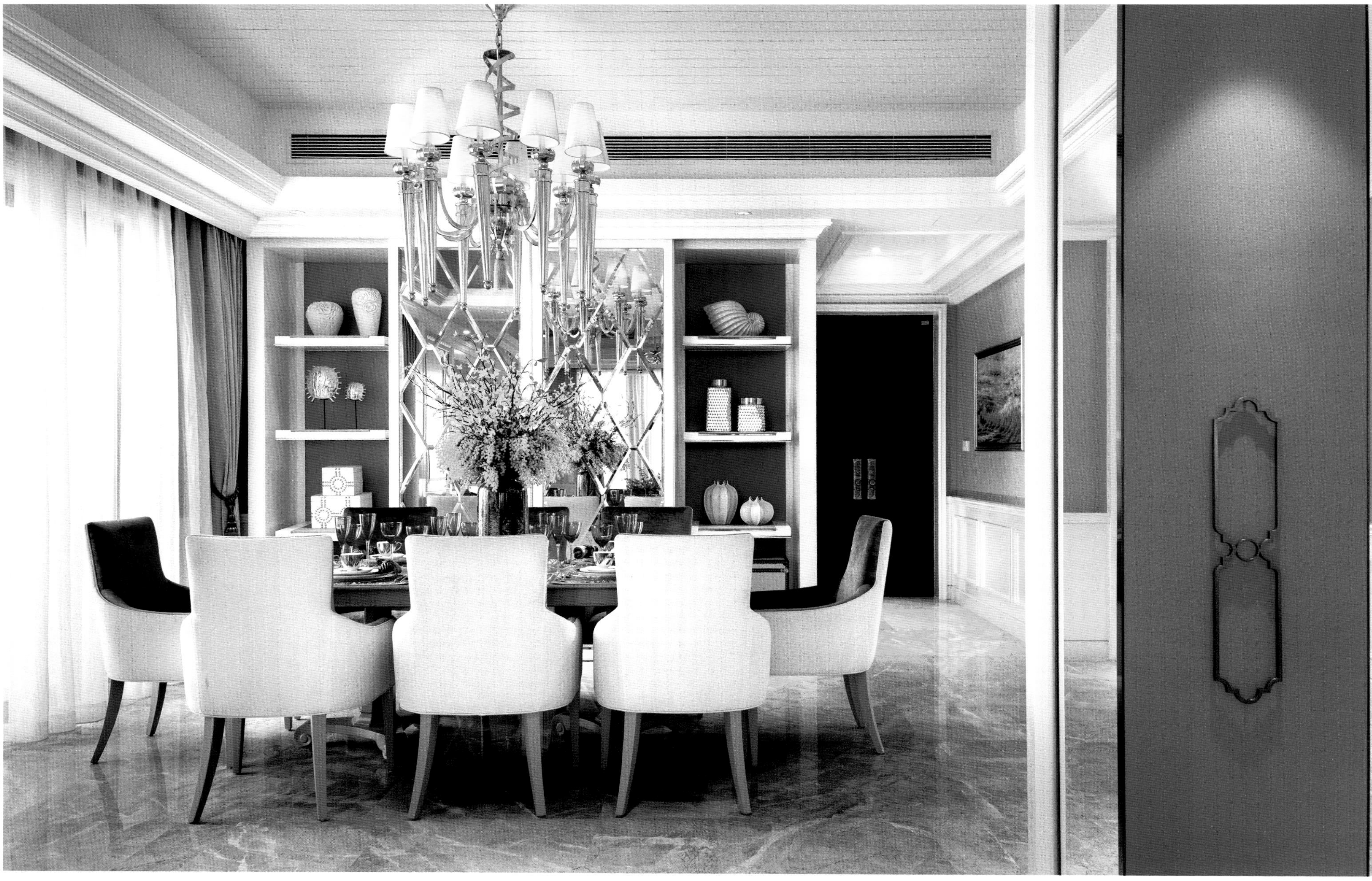

软装陈设：清新淡雅的卧室搭配

主卧室中弥漫着轻缓的灰蓝调，床头背景为浅灰蓝色墙漆，拉开了空间的进深，颜色深一度的窗帘也有着静谧的归属感。床上摆上数个华丽的绣花和豹纹图案的靠枕，在空间里十分显眼。藏蓝色几何图案靠枕则将室内色彩有机地联系起来。儿童房的色调亦以轻柔的蓝色为主，精致的珠饰抱枕，长短不一的方形甚至以星形出现的靠枕，让卧室更显灵动。舒适的软包床靠映衬着墙上的卡通装饰画，突显了软硬材料之间的质感对比。在这个美好的空间里能让人卸去一天的疲惫，睡上一个安静沉稳的好觉。

元素细节演绎：曲线处理中展现浪漫气息

现代欧式居室中体现的不只是豪华大气，还可以是惬意和浪漫。典雅开阔的顶棚设计，通过柔美的浮雕曲线，金属吊灯上的圆柱形灯罩等，精益求精地进行细节处理。通铺的湖蓝色地毯印上同色系的花卉图案，点缀的色彩在花瓣曲线中跳跃，营造出如遍地繁花般的璀璨与浪漫，温馨的卧室在曲线元素的营造下笼罩在浪漫的氛围之中。

【主人房】

拾级而上，二层的主人房让人眼前一亮，白色屋顶和深蓝色的碎花地毯再次响应蓝天、白云和海的意向设计，搭配暖色的家具和床品，空间显得大气十足。

【主卫】

主人浴室的地板选用冷色系的维纳斯灰大理石，与墙壁的鱼肚白大理石有异曲同工之妙，如海水洗刷后，留下了些许斑迹的沙滩，配合屋顶婉转流畅的暗金色艺术吊灯，增加了空间的视觉冲击力。

【红酒雪茄室】

位于地下一层的红酒室和雪茄室作为主人的秘密花园，并没有进行过度装饰，更多的是返璞归真。沙发后面的梅花枝艺术屏风也许就是主人的人生写照：生活不只是眼前的苟且，还有诗和远方。

乐摩装饰设计（上海）有限公司 设计作品

SIMPLE, ELEGANT BUT DELICATE, PURE AND FRESH FRENCH STYLE

淡雅而精致的清新法式

项目名称：上海新弘墅园别墅样板房·联排户型 地点：上海 面积：300 ㎡

设计总监：潘江 主案设计师：胡茜 摄影：金啬

色彩搭配：清新色彩点缀空间

浅灰色系列拥有极大的包容性，设计师选用白色和蒸汽灰色作为灰色的层次变化，铺陈大面积暖蓝色单色羊毛地毯。铅白色沙发上搭配几个麻料抱枕或几何中式窗格图案的抱枕，给空间点缀一点点祖母绿。沉稳的淡蓝色地毯，成为空间的色彩底色，快意轻灵的色彩，配以远处墙面上清新浪漫的抽象画作，再加上近处的亮黄色腊梅，平添几分春季的轻盈，但又不失时尚气质，寥寥几笔的色彩，勾勒出一个摩登大气的空间，白色亮面烤漆钢琴给予空间优雅迷人的气氛，让空间顿时提升格调，暖褐色的台灯，更体现独特品位。

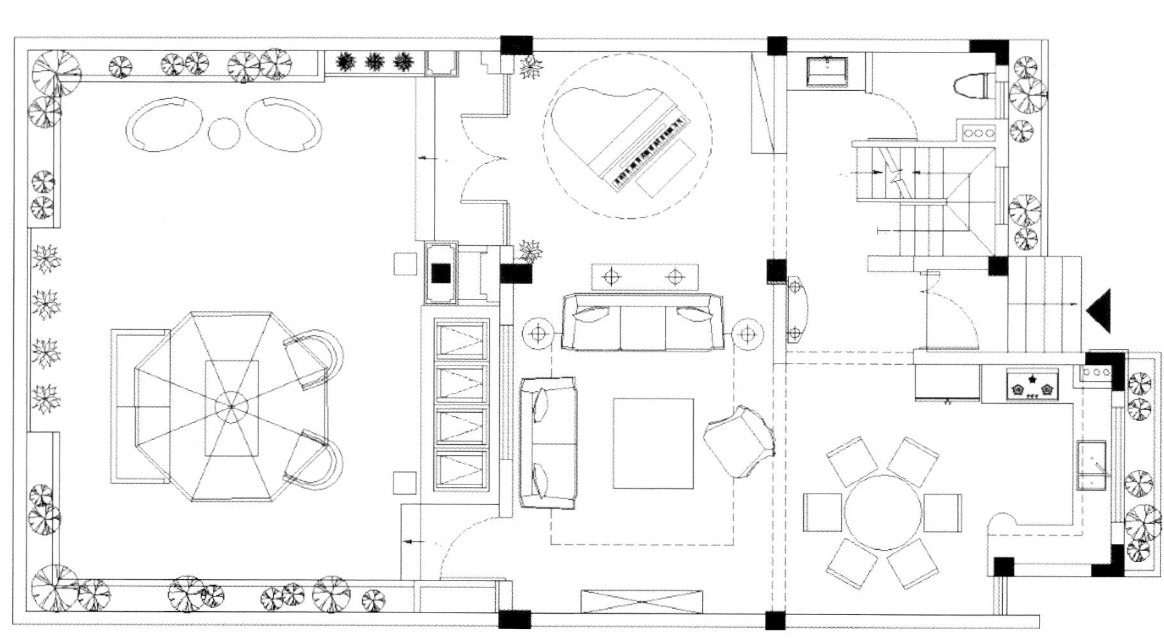

一层平面图

意境的营造：梦幻般空间的打造

作为绝佳的醇正法式风格的空间，拥有传统风格的窗框和门框，通透明丽，给空间满满当当的空气感和通透感，搭配亮丽的花艺，给人一种素净的美感，流淌着静谧的气质；阁楼空间设计为双胞胎的儿童房，很好地结合了斜坡屋顶的造型，用粉红和浅蓝色规划出两个空间，同时增加了云朵般的吊灯，给予空间梦幻般的感受。活泼的地毯搭配充满童真的布偶玩具和面料，给空间增添了无限想象力。

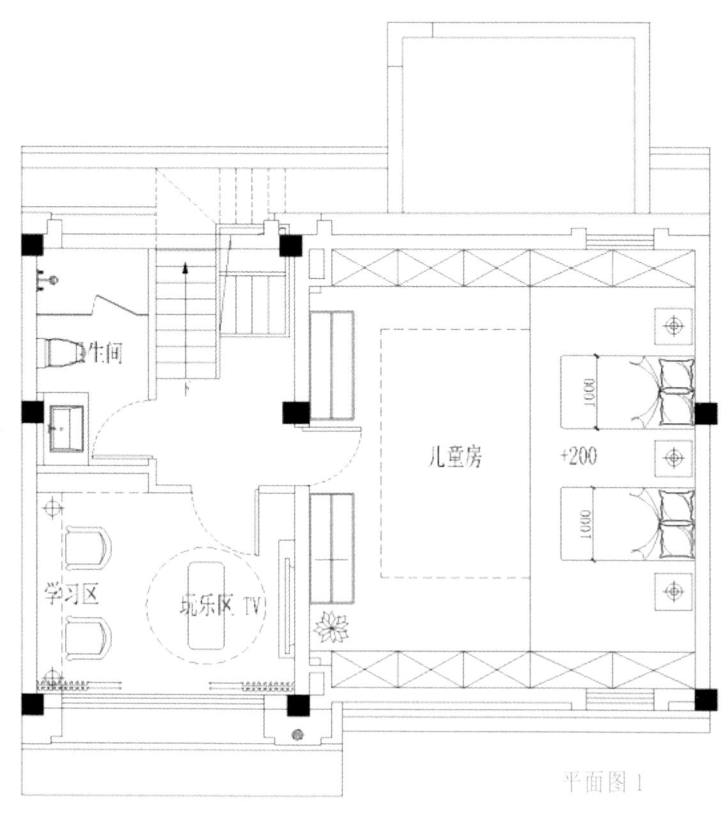

平面图 1

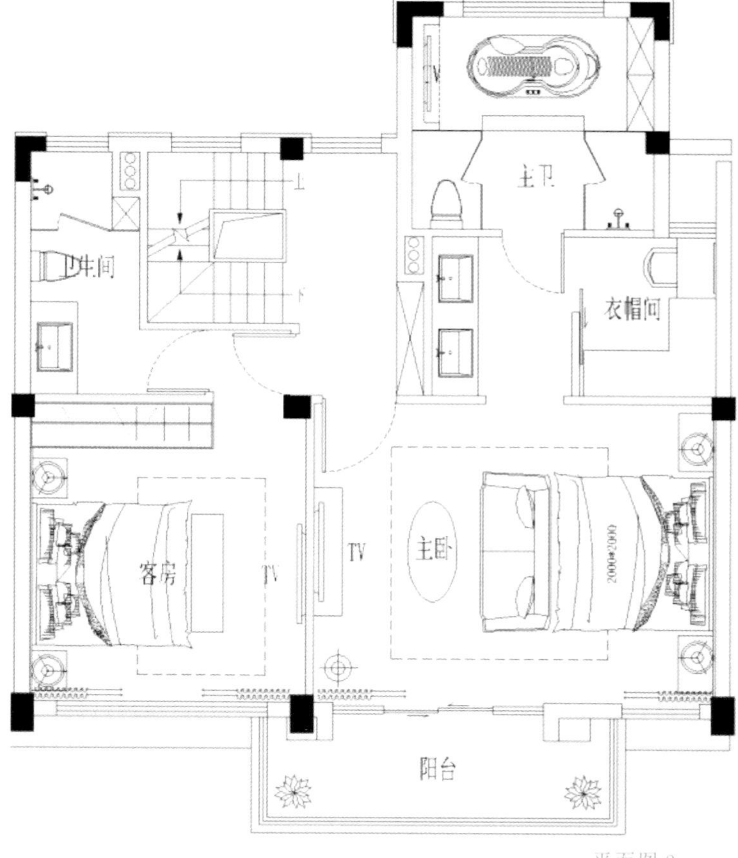

平面图 2

配饰元素：
中式元素贯穿法式空间

整个空间具有静谧之美，多种多样的东西方元素结合在一起，让空间呈现更加丰富的状态，同时在各个空间也有相同的元素贯穿其中。首先，在餐厅选用了极具东方意境的装饰画，使得空间具有更诗意的意境，在丰富层次的同时也柔和了单调的背景。然后，在各个空间也都有中式山水画的呈现，在卧室则是写意水墨画，总之，所有的中式元素组合在一起，形成了整体空间的低调静谧的气氛。

设计说明

【设计理念】

好的设计来源于丰富的生活体验，只有当生活阅历沉淀得越来越多，并且通过设计师长期的思考与历练，厚积薄发地体现出来，才能把设计做得更好、做到极致。

【设计说明】

几乎所有伟大的设计师都会说："我设计的灵感源自生活。"如果将这句话延伸，那一定是"精致而优雅的生活"。本套样板房就以法式新古典的设计风格，为大家诠释了这份精致与优雅。

【客厅】

在整个空间布局上，充分考虑到联排超长开间的特点，以紧凑而饱满的节奏进行装点，以在时尚之都米兰大放光彩的蓝绿色贯穿整个空间，安静又惬意。

有诗人说"音乐让生活更优雅"，白色的钢琴就占了小半个客厅，可见这是一个极其注重生活品质的家，让家中时刻洋溢着优雅与幸福的味道。

【地下室】

男主人是一个马球爱好者，马球自诞生之日起就被赞誉为"王者运动"，这里是主人与球友们挑选装备、休憩畅谈的场所——与马球相关的装备、纪念品、见证着荣誉的奖杯，都在这里一一展现。

墙上关于马球的中式工笔画、西式写实画、现代抽象画，既体现了男主人对马球的热爱，也交织演绎出一幅穿越古今东西的马球文化画卷。

一个特别定制的酒窖，珍藏了上百瓶佳酿，随时恭候王者们运动归来，开启芬芳，觥筹交错，杯影摇曳。

【主卧】

新古典风格的家具，线条柔和，搭配淡淡的紫和干净的白，让这个空间透露出女主人的气质与品位。

隐藏在主卧内，紧临大窗又极私密的主卫和浴缸，也为空间增添了一份小小的浪漫。

【次卧】

爽朗的蓝色搭配迷人的深咖色，干净清爽，新古典风极致且舒适的大床，搭配全软包的墙，这些都让所有来宾有宾至如归的感觉。

【儿童房】

明快的色彩能激发孩子无限的想象力。粉色与蓝色对撞的墙、绿色树木造型的书架、白色云朵灯、用儿童画的手法勾勒的彩色地球地毯，都让整个空间充满了童真与童趣。

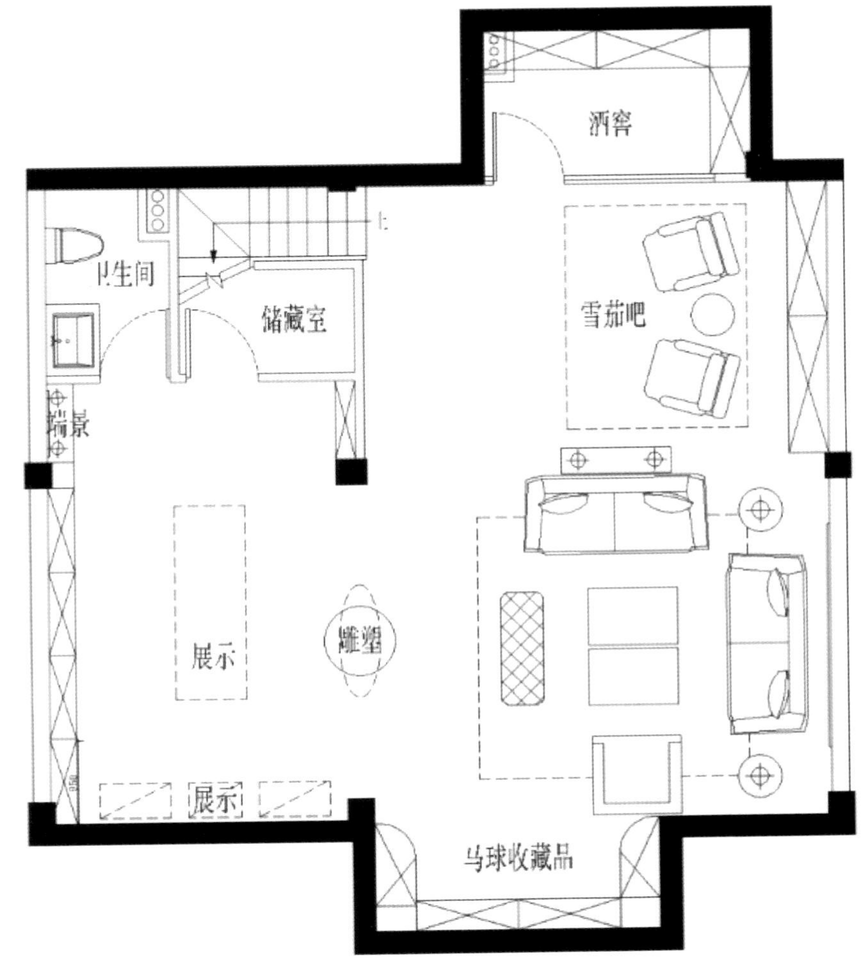

平面图 3

软装搭配：陈设营造休闲气氛

配合整个室内风格，设计师选用不同风格的家具来呈现，客厅的优雅迷人，餐厅的丰富瑰丽，起居室的放松悠然，卧室的静谧安逸。着墨颇多的起居室，则体现了软装搭配对空间的氛围的作用。休闲厚重的皮质沙发使空间具有男性气息，配合黑色茶几使其更增添绅士气质，色彩浓郁却与背景的浅蓝色木饰面相得益彰。金色的灯具和陶瓷坐墩，给空间增添了尊贵和一丝后现代主义的戏谑。橙色的引入和马术题材的画面，强调了空间的主题，棋盘格的地毯和抱枕则给空间添加了节奏感和力量。

ACE谢辉室内订制设计服务机构 设计作品

FASHIONABLE BUT REFINED SPACE

时尚而脱俗的气质空间

项目名称："兰"私人会馆 地点：成都 面积：300 ㎡

主持设计：谢辉 设计师：王雨、李曼君、闫沙丽 摄影：李恒

元素运用：几何图形分割空间

用几何图形分割空间，给人一种未来感，墙面使用马赛克拼贴，给空间营造强烈的肌理感。马赛克、大理石、木质框格等，不同材质，打造出一个极具科技感的理性空间。尤为亮眼的是空间中使用的不同材质的搭配，用几何图形将空间分割出不同的图形。墙面的方框、地面的菱形，以及顶面的不规则弧形，使得空间呈现丰富的质感和层次的变化。灰色的枝形水晶灯，让空间更具晶莹剔透的质感。整体空间如同耀眼的星河，也如一件优雅的晚礼服，散发着光芒。

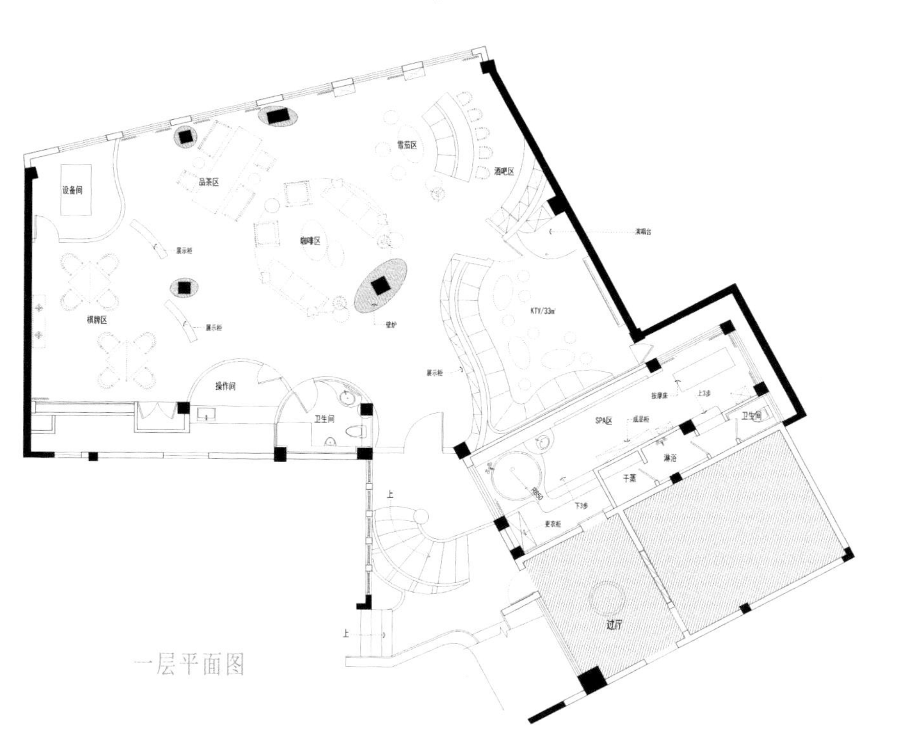

一层平面图

主要材料：石材、艺术涂料、铜、壁画

设计说明

成都，一处美丽悠然的蜀地，一座永远不缺精致多元生活的城市，深厚的蜀国文化与时尚的现代文明相互碰撞，造就了成都女性的真挚、直率、灵秀和包容。本案业主就是这样一位美丽的成都女子，她既是三个孩子的母亲，也是一位独立优雅的现代女性。时尚米兰、浪漫巴黎是她时常驻足之地，她就是这样一位热爱生活，集古典与时尚于一身的魅力女性。

成都城南一处高尔夫别墅区内，业主为自己和家人朋友打造了一座生活后花园，一处时尚、安静的休闲之所。

打造有居住者自身气质的高品质空间一直是 ACE 设计的理念，

业主名字中的“兰”字让设计师联想到了古人的一首诗：

霓裳片片晚妆新，束素亭亭玉殿春。

已向丹霞生浅晕，故将清露作芳尘。

欧洲设计之都米兰，又是一处优雅、前沿的时尚之地，时装、咖啡、美酒，闲适的欧洲文化演绎当代高品质生活。玉兰、米兰，看似毫无关联的两个元素却代表了业主的气质，让古典与时尚就这样相遇吧！

会馆入口的地面铺装有很好的导向和带入感，进入之后顶面的光亮会让我们不自觉地抬头观望，瞬间产生一种错乱的感觉，鱼儿在天空自由嬉戏？细看会发现是一个透明的玻璃鱼缸，波光粼粼、光影交错，借助自然光解决了入口光线较弱的问题，也为整个空间增添了灵动之美。

玉兰花瓣丰腴饱满，外形流动柔美，恰似室内婉转的动线，从入口处开始娓娓道来，由结构中柱体改造的壁炉把空间略微分隔，柔美弧线抒发女性内在的柔和气质，而墙面部分的铜质线条为比较开畅的室内增添细节脉络，为空间加入少许力量感。

整个会馆墙面、顶面采用泛着微微珠光的艺术漆，如绸缎般铺满整个空间，细腻温润的质感如同珍珠般，触感温润。大面积欧洲宫廷户外墙画混搭中式手绘柜体。而来自葡萄牙的国宝级灯具品牌 SERIP，以大自然的无限灵感注入灯具中，如丝丝细雨而下，与金丝楠木茶台相映成趣，中西方艺术品的混搭之美尽收眼底，也如一处艺术装置为空间增添时尚空灵之美！

为不使空间过于清淡而产生距离和孤独感，设计师为空间设置足够的背景和小品，让身在其中的宾客有些许包围感，闲谈区、品茶区、棋牌区、红酒区没有实墙阻隔，除棋牌区外身处每个区域均可观赏到户外大片高尔夫球场，为来访者营造出室内精致、室外开阔的感受。

成都作为休闲之城，不缺少娱乐休闲的方式，现代文明的进程让每个成都人都更加开放包容，成都人永远都有一颗勇于尝试的心。本案把业主内在气质融于其中，把成都的休闲之气与当代成都人的生活连系起来，用一种艺术与国际化的语言作为外在表达，是对当代成都人的生活方式的完美呈现和引领！

“晨夕目赏白玉兰，暮年老区乃春时”。如此精致优雅的会馆必会让三五好友流连忘返，红酒小酌，清茶细品，享生活之美好，留时光之永恒！

色彩搭配：
剔透的光感色彩搭配

整体空间的色调是干净透明的白色，但增加了许多微妙的变化和层次感，在色彩的编织上更加的纯粹且富有现代格调，白色里面多了许多灰色的层次，且十分具有光感，使用淡淡的灰色作为过渡，使得白色在空间不会显得孤立，且具柔和感。银白色的马赛克墙面、结合蒸汽灰色的顶棚板、黑白格子的地面、原木的茶桌和小麦色的壁橱、吧台形成自然而然的呼应，灯具也采用同类色系的铜色，而与此同时，家具也选择了浅灰色的面料，以及原木材质。空间里面用黄绿色的陶瓷台灯和淡蓝色的沙发花纹进行小面积的点缀，赋予空间生机，而在这种点缀下，空间形成了更富有设计格调和高度概括的气场。

软装搭配：穿梭古今与东、西方的陈设搭配

精致又低调的客厅枝形吊灯，自然清新，将视线引入深邃的空间，伴随味道十足的西洋壁纸与几何图案，陈设自然形态的茶桌，给人以悠然淡雅的体验，西洋风格的壁纸，搭配中式圈椅和陶瓷坐墩，将空间的生活场景勾勒出来，既具有西方的气质又拥有东方的意境。同时，在陈列精致描绘的漆器玄关桌上设置中式味道的烛台，打造了十分精致迷人的角落。现代法式空间中的中式家具，与空间整体融为一体，绘有银箔梅花的玄关柜，散发着清雅之感，搭配浓郁色彩的装饰画，更是浑然大气，宁静、和谐的中式气韵悠然而生。

软装布艺：布艺装饰创造跳跃层次

布艺在理性舒缓的空间中发挥作用。儿童房的床头内凹式方形靠包为空间框下了一方小小天地，用条纹和星形图案的床品调节空间中的刻板印象，并且为了配合整体空间的氛围，图案与色彩设计并不会过于鲜艳夸张。主卧室中床上用品运用多种面料，如毛绒、纯棉、丝缎等来实现层次感和丰富的视觉效果，营造高雅、大方的居室空间。

尚层装饰（北京）有限公司杭州分公司 设计作品

RUMINATING, COLOR CONTRAST MODERN EUROPEAN-STYLE HOME

玩味撞色的现代欧式之家

项目名称：绿城桃花源 地点：浙江 面积：500 ㎡

设计师：魏荣庆 摄影：叶松

软装布艺：亮眼软装让屋中充满缤纷色彩

书房里的普蓝色与桃红色绒布沙发组合出乎意料地合拍，跳跃的色彩加上绒面材质反射出的细腻光泽，散发强烈的趣味个性。一块不规则的斑马纹地毯打破规整的格局，让空间变得活泼起来。同时地毯也作为顶棚与墙面色彩的延伸，同时呼应墙上的斑马装饰挂画，巧妙心思无一不透露出业主的个性和品位。

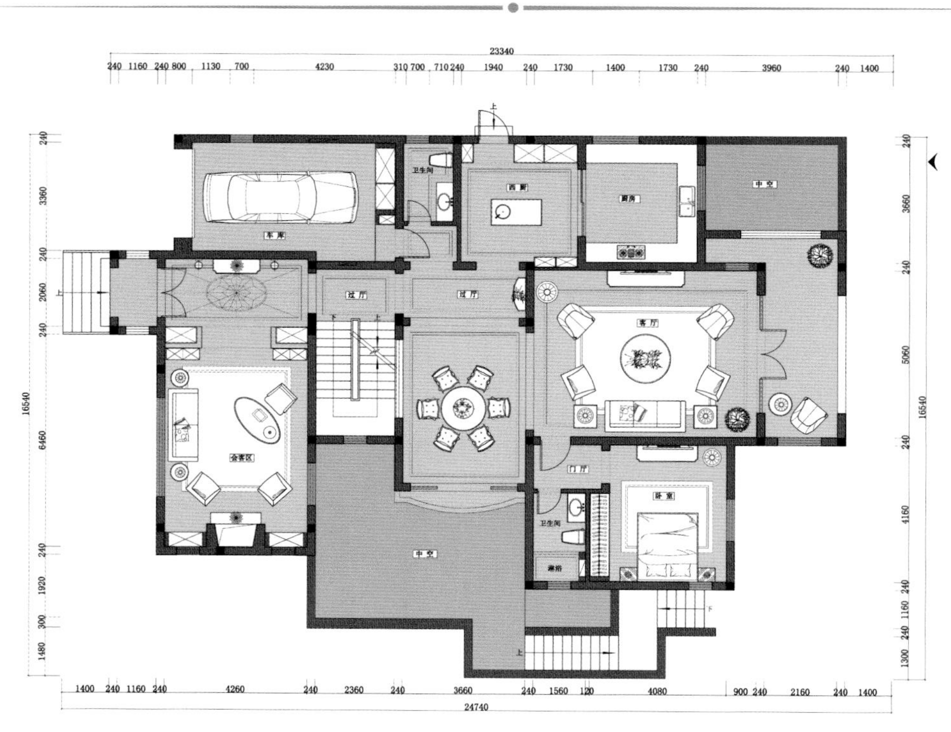

一层平面图

主要材料：木制

设计说明

绿城桃花源位于杭州市余杭区凤凰山南麓风景秀丽的丘陵地带，拥有秀美的自然景观。自然界中的一切都由色彩构成，当我们的目光锁定于环境中时，首先闯入视野的一定是各种各样的颜色，它的绚丽多彩给予我们丰富的感知，室内空间色彩搭配同样如此。

这栋别墅的居住者是从事服装行业的夫妇，由于本身经营与美有关的事业，所以对设计、美感与色彩的要求极为专业、前沿。设计师用极尽优雅的摩登风情 Art Deco 风格来打造他们的家。Art Deco 风格可谓是惊艳了一个多世纪的装饰风格，其大胆的用色是其他风格无法比拟的。设计师以明亮且对比强烈的颜色对房子进行彩绘，从亮丽的红色、警报器的黄色到探戈的橘色，及带有金属味的金色……用不同技法，撞、拼、点缀、放射，让色彩带来不同气质，同时也让在这所房子中的人在移步间感受到不同的氛围。

客厅空间用色繁多、材质各异，却并不缭乱。浅灰色与白色拼色护墙板、拼接地毯和布艺沙发在整个空间里完美融合。开放式客厅与餐厅连通，餐厅的主色调为静谧的蓝色，与白色门窗套搭配，清新又时尚。厨房里水泥地砖的波普图案、米色、白色、灰色在这里相互碰撞，显得格外有格调。主卧的几何感尤其醒目，黑色条纹沙发、金色线条镜框透露出居住者的时尚敏锐度。

色彩搭配：
红配绿的大胆搭配

色彩艳丽的世界总是可以让人心情大好，精彩的撞色家居能使空间氛围更加活泼。

客厅的色彩搭配富有温暖属性，玫瑰紫色的绒布座椅，搭配多色地毯与装饰画格外精彩，提升了室内个性的时尚指数。湖绿色铺满了餐厅一旁的墙面，配合自然光照，呈现出明亮鲜艳的视觉感，与浅淡明朗的柠檬黄色搭配清新宜人，极具青春的活力，是主人不拘平庸个性的最好表达，相信每天回到这样的家里，总能让人充满活力。

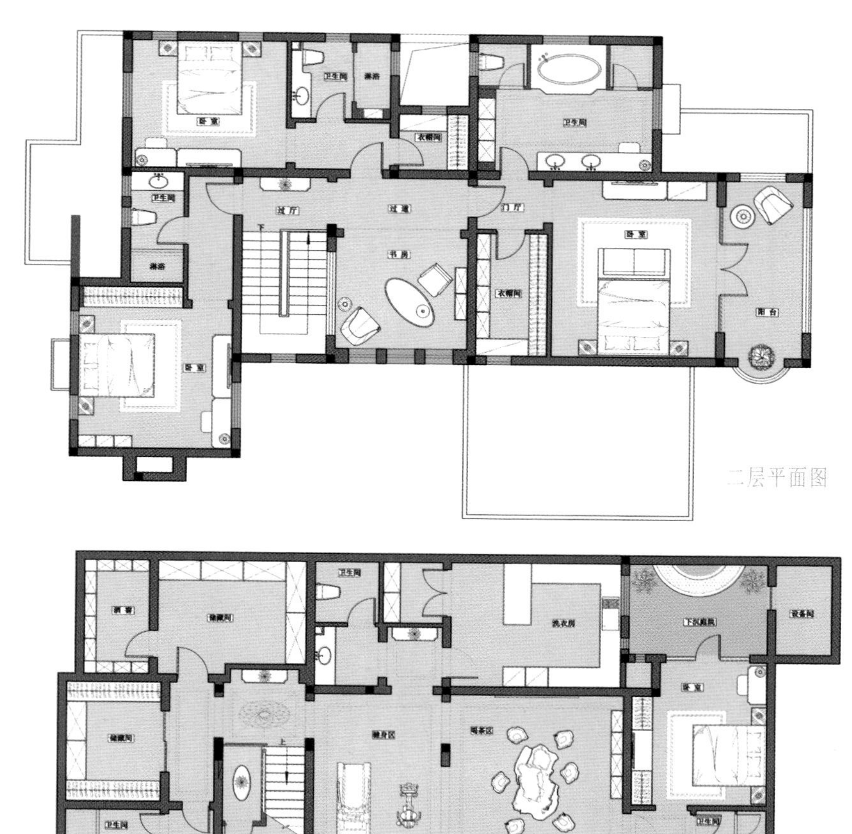

二层平面图

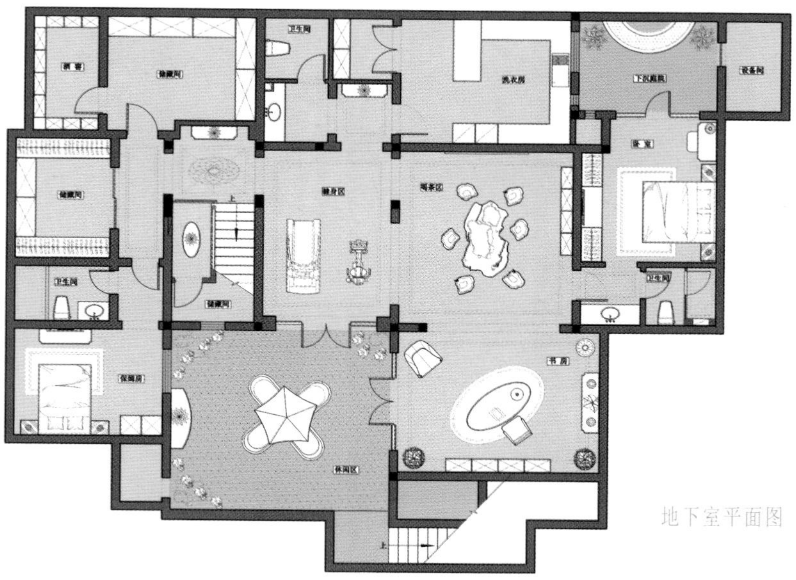

地下室平面图

细节元素：
花砖突出亮点 一秒钟变文艺

厨房的装饰设计中不管是花色地砖的铺陈，还是木色门框和大红色吧台椅的点缀，都给人一种精致的印象，尤其是漂亮百变的小花砖在厨房的地面上找到了展示魅力的舞台。在局限的小空间内，几何对称的花砖全铺地面，具有一定的视觉延伸性效果。搭配简约的素色墙面，酝酿出一股文艺气息，创造出空间的个性化色彩。

陈设配饰：波普艺术装饰家的时尚

现代欧式风格去除了传统欧式的厚重感，多了波普艺术的完美嵌入。墙面上挂上一幅色彩绚丽、对比强烈且充满想象力的图案装饰画，搭配造型别致的陶瓷、金属摆件，使居室环境更丰富。趣味性极强的人物造型装饰画的色彩碰撞强烈，更重视表达前卫、自我的设计个性，让整个家充满着活泼鲜明的波普时尚。

MID · 中绘社 设计作品

DEDUCTION OF AVANT-GARDE, FASHIONABLE SPACE

前卫时尚空间演绎

项目名称：重庆中庚阅玺别墅样板间 D9　地点：重庆　面积：365 m²

设计师：许思敏、林佳、梁恩　摄影：井旭峰

灯光设计：间接光源打造通透空间

整体客厅、餐厅空间摒弃了单一的主光源，选择了各具特色的各式各样的辅辅光源，作为间接照明和空间的点缀光源，同时设置非常实用的壁灯，在聚焦视线的同时，也为空白的空间增添了层次；顶棚板的造型十分丰富，既可作为灯具，亦能当作装饰，成为空间重要的要素；注重自然光线的引入，让阳光也成为空间中灯光的重要角色，一同营造出一个通透的空间。

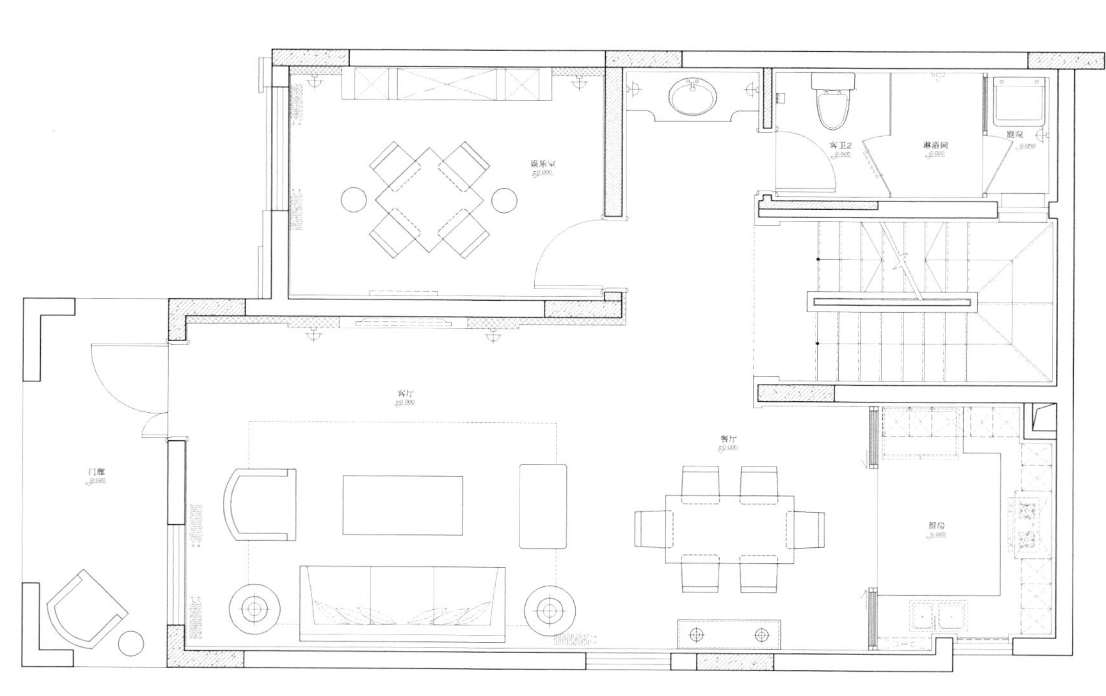

一层平面图

主要材料：石材、木料、壁纸、玻璃、皮革、布料

设计说明

该别墅是由地下 1 层和地上 4 层组成，采用现代新古典风格，总体呈现时尚、雅致、舒适之感。本案设计的家具保持了古典的优雅，但款式上几经提炼，并加入新的材质及设计元素。用空间的主题性及功能划分，给予了空间特定调性，让到访者感受到时尚典雅的韵味。

在该设计方案中软装材质多元化，灵活多变，利用多种不同的材质来组合空间，光亮的金属、低调奢华的布艺、华丽的灯饰，配以高质感的皮革，相互穿插对比，突出时尚雅致的生活氛围。

地下室的精彩之处是影视区座椅采用下陷设计，增加了局域空间感，完美地配合了顶棚的设计造型；品酒区域自然采光，功能多样化，提升了娱乐空间，巧妙的设计手法，打破了传统地下一层的使用功能。

一层客厅运用高品质装饰品及灯具等的点缀 ，为空间营造了优雅舒适的生活氛围。客厅、餐厅与开放式的厨房相连，生活场景贯穿着整个空间，另外还设置了棋牌室，增加了活动空间，让整个房间的起居环境显得丰满，从每个角度看都具有舒适生活的画面感。

主人套间的设计，保留了室内充足的采光，独立的卫浴、干蒸房、衣帽间中运用了特色壁纸，体现了对新古典风格的诠释，细节上的把握让人印象深刻。次卧是根据不同年龄段的家庭成员来量身定制的，长辈房与儿童房也把握住了各年龄段的起居功能特点。

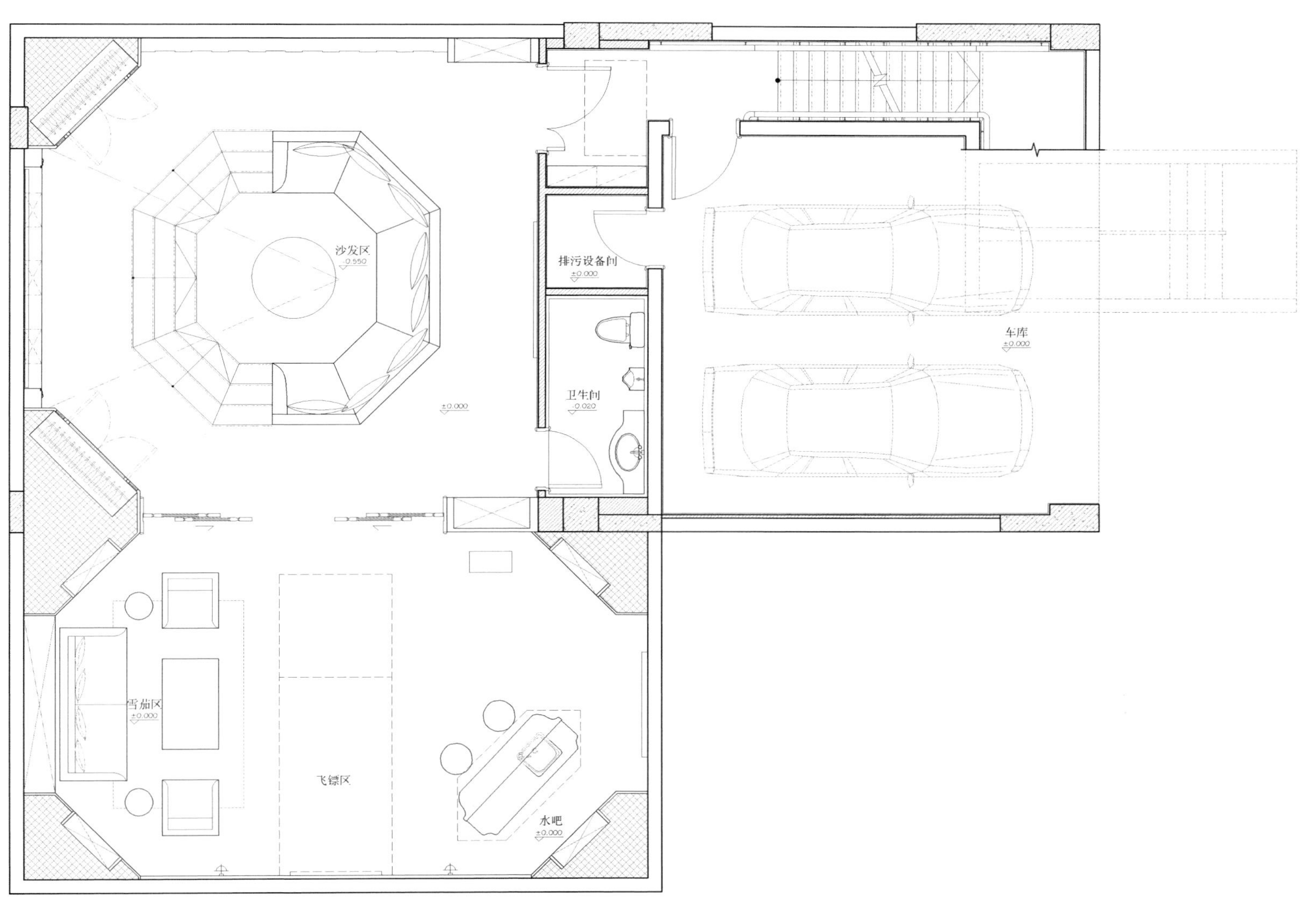

地下一层平面图

设计说明

在纯水岸，到处弥漫着一种高雅气息，充满艺术气息的光影斑斑驳驳，每一个节点似乎都在诉说着一个故事，是一个真正还原了生活本质的家，从容优雅。

该项目旨在营造一个艺术、自然，同时又具有文化氛围和灵魂的空间。戴勇室内设计团队延续优雅沉着的内敛手法，将不被风格左右的古典主义和现代设计相结合呈现经典与奢华共存的美感，让大宅彰显极致尊贵的格调，为业主呈现一个品质卓绝的至尊居室。

初入玄关，Giorgio Collection 的精致独角兽摆件就映入眼帘，充满理性与智慧，奠定了优雅写意空间氛围的基础。大平层开敞布局下紧凑且合理的精巧格局，则让功能一应俱全。

空间均选购名家生活空间的意大利品牌家具，阳台瓷砖为意大利蜜蜂品牌，展现新一代城市新贵的个性和品位需求。客厅空间线条紧致优雅，精心挑选的大理石背景墙，结合私人定制家具的手工感皮革面料，以及当代饰品与金属质感，形成独特空间气质，隐喻独到的审美和气度。空间大面积运用了柔和的卡其色，在细节处则有优雅的浅棕与散发迷人魅力的金属线条提升空间气质，以稳重不失时尚的色调营造不同的景致，让“繁华”和“宁静”在瞬间转换。在这个独一无二的空间，让生活告别重复。

餐厅延续客厅的细腻精巧，用符合中国人习惯的烤漆圆餐桌，搭配意式皮革餐椅，温馨的就餐氛围连着美食一起轻轻浸入五脏六腑，在唇齿间留香。自餐厅区域望向客厅，开放式空间在雅致花卉、别致的饰品和时尚家具的映衬之下，可媲美艺术画作，虽静止却难掩其灵动、雅奢的气度。

推开主卧的房门，沉稳冷静的米色调一如主人内敛而高雅的气质，散发出独特的魅力，风情万种就在这一点一滴中弥漫。主卧设计摩登而又别致，与户外空间自然衔接，一气呵成。意大利品牌家居 Fendi 的阿斯托里亚床占据视线，超大尺寸的高背设计让坐靠的感觉无比舒适，创新的链条式结构极度考验做工，丝毫不马虎的精致做工和绝佳材质完美结合，将奢华而有品位玩到了极致境界。每一寸空间的流转，每一件家具的停放，每一方色彩的绽放，都勾勒出卧室空间独有的空间气质。

空间重视内在气质的共通，在极致与瑰丽之间，彰显优雅品位。一宅繁华，为卿典藏。

家具选择：前卫气质的低调奢华氛围

整体的家具风格十分具有前卫气质，金属、高光漆面、皮质面料、未来感的材质及配色，使得家具自带几分科技感。并不复杂的造型，大气中带有一种东方的气度和西方的探索精神，使得整体空间具有一种中西合璧的态度。同时，家具与空间融合完美，将空间低调奢华的气质演绎得淋淋尽致，虽然家具十分出彩，但在空间里并不会过于喧嚣，无论从色彩还是从造型，都为空间增色，并突显空间的主导地位。

陈设配饰：点到为止的静谧雅致空间陈设

整体空间的陈设配饰点到为止，给人一种刚刚好的视觉效果，在空间起到了画龙点睛的作用；客厅的花艺，使用玻璃花器搭配清新的郁金香，让整体空间显得高级而富有意境。同时，在电视柜上进行弱化，只陈设琉璃色玻璃花器，使空间更富有变化。设置在玄关的中式风格屏风，选用更现代的材质，突显前卫气质，搭配精致的奔马雕塑，使得入门空间更加大气、有力度，呼应走廊尽头的装饰画，也使得空间细节更加丰富，且耐人寻味。

材质搭配：
细腻材质过渡营造大气氛围

空间的材质搭配，绝对是营造空间整体氛围和独特气质最重要的手段之一，在客厅、餐厅区域，设计师选用了灰色和棕色系的大理石地面，独特的纹理也为空间增添了一丝高贵、神秘的气质，背景墙面的石材选用灰色波纹，给空间增添了几分活力动态之感。

水晶的壁灯又给空间增添了几分灵动，与灰镜墙面交相辉映，华丽而不失气度。空间大量使用高光材质，让空间显得更加通透华贵，在局部点缀金属材质、黄铜、亚光金属，增添了空间可以品味的细节。

李益中空间 设计作品

MODERN, DIGNIFIED, DELICATE STYLE

现代大气的精致格调

项目名称：苏州华润金悦湾别墅 地点：江苏 面积：230 ㎡

家具选择：理性十足的简约家具

居室中的家具设计在经济、实用、舒适的同时，也体现了一定的文化品位，沙发的线条简洁而不失时尚，边柜的设计用大理石作为桌面、金属饰边作为辅助，在细微之处营造金碧辉煌的豪华感，前卫又不失理性，还体现出了工业化社会生活的精致与个性，符合现代人的生活品位。

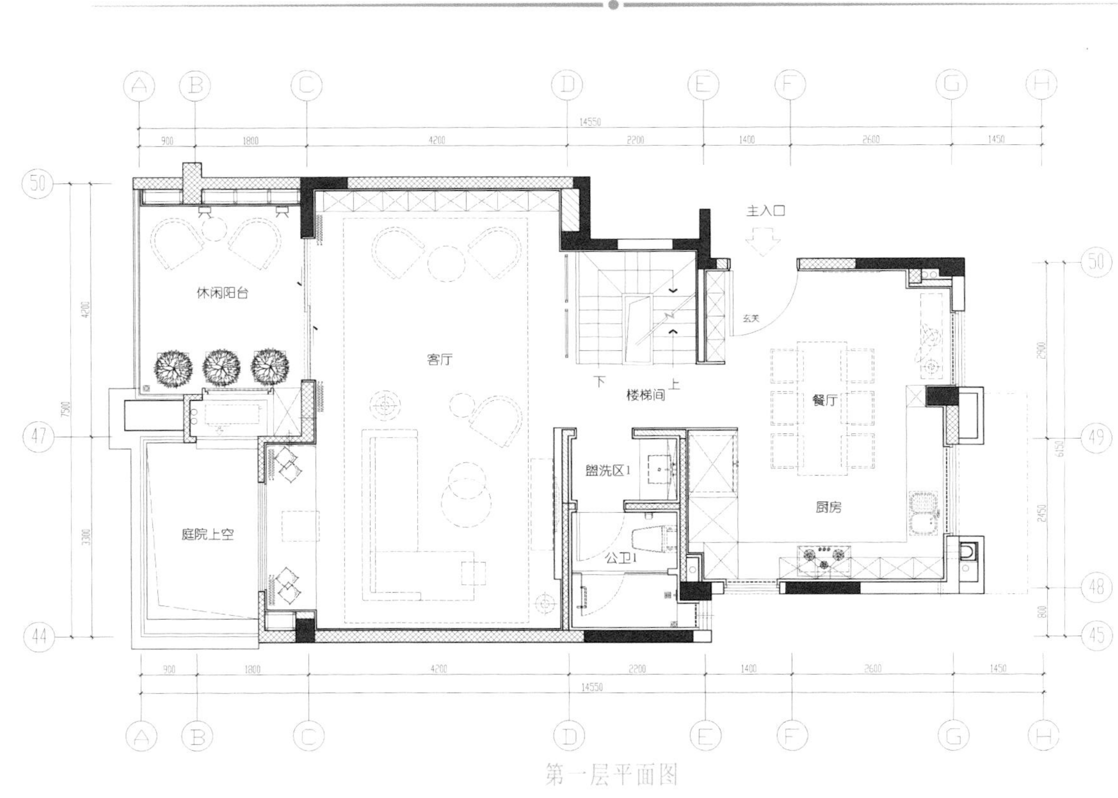

第一层平面图

主要材料：雪花白金沙大理石、欧亚木纹大理石、蓝金砂大理石、黑白根大理石、山西黑大理石、银镜、灰镜、钢化玻璃、艺术玻璃、木饰面、木地板、黑色拉丝不锈钢、古铜拉丝不锈钢、壁纸、布艺硬包

设计说明

苏州华润金悦湾位于独墅湖西畔，是集高端住宅、体验型商业配套于一体的苏州工业园区湖西综合体项目。

这座 3 层的叠加别墅旨在表达现代化、注重高品质的生活；国际化、符合现代都市的气质。我们充分整合楼盘所处位置的独特优势，以空间气质作为设计的切入点。

第一层设有客厅、餐厅、厨房和休闲阳台。

第二层设有主卧、儿童房、学习娱乐区和生活阳台。

地下室设有多功能区、茶室、家庭影院、健身房和休闲庭院。

在色彩方面，我们以米灰色、木色和深咖色为基调，运用大地色系及翠绿色加以点缀，给人一种低调内敛，干净简洁的视觉感受。在软装的材料上，我们追求现代、质朴的风格。自然的米灰色棉麻、高端的丝光布、带亮光的真皮皮革、局部运用反光的黄铜材质及带有传统元素文化的配饰，营造闲适且不失品位的居住氛围。

我们通过简洁干练的界面，运用不同的大块面材质去丰富空间的层次感，体现整体的艺术氛围。同时，我们搭配品牌家具，选用高端的物料，在保证舒适度的同时，以不同的形态去提升品质感，再用一定的低饱和度色彩去界定个性，通过精致的艺术品进行空间精神层面上的表达。

陈设配饰：
金属摆件的空间效应

桌面上摆放的金属摆件以极简的几何线条出现，精细的工艺勾勒出一个立体的多面体造型，低调、沉稳又富有现代的高贵品位，给居所带来丰富的微妙变化。大理石桌面因其材质与肌理的组合与金属摆件产生一种厚重与单薄、冷艳与热烈、规整与变幻的美感，擦出了奇妙的火花。

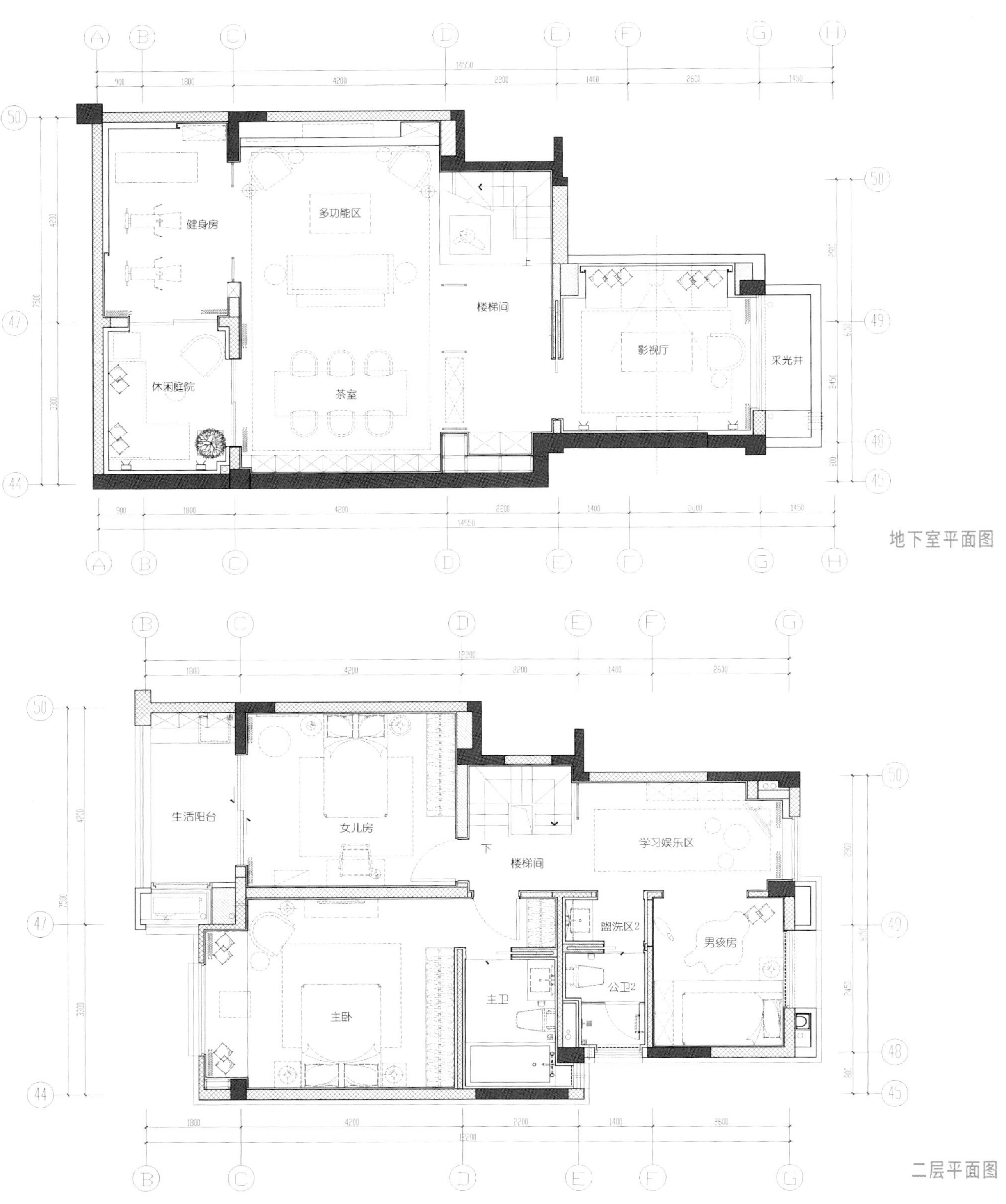

地下室平面图

二层平面图

软装布艺：
快节奏都市中的柔软空间

床靠的皮质软包柔和了空间线条，床品使用高密度的纯棉面料，贴身、柔软、舒适的触感让身体迅速放松。再加上一块毛绒地毯在床边，即使在冬天光脚也同样是舒服的享受。为了与空间色彩保持协调，床品和地毯选用冷静、内敛的灰咖色与翠绿色的组合，适中的饱和度使卧室充满恬静气氛，在满足视觉与触觉的双重体验下，令人不经意间提早进入梦乡。

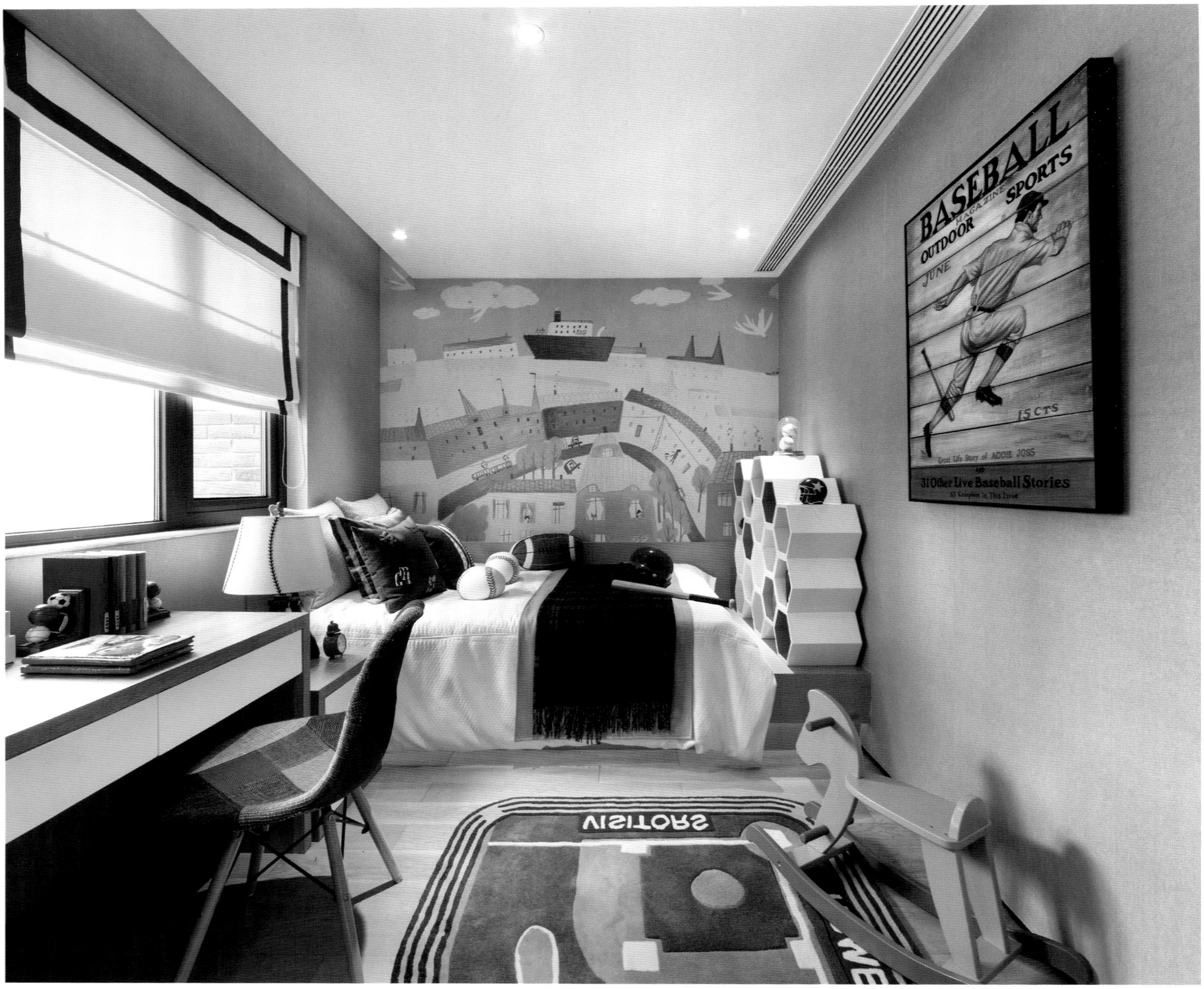
BASEBALL
MAGAZINE
OUTDOOR
SPORTS
JUNE
15 CTS
31 Other Live Baseball Stories

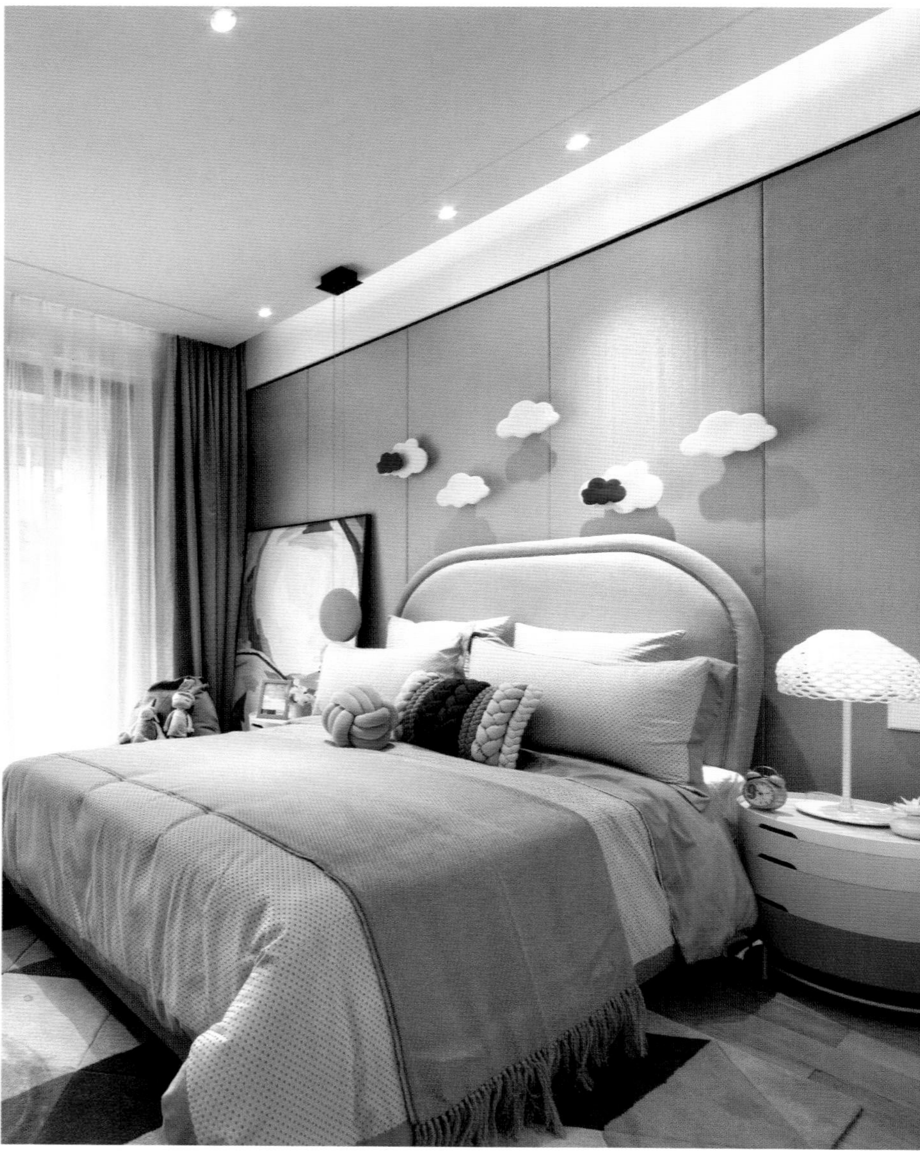

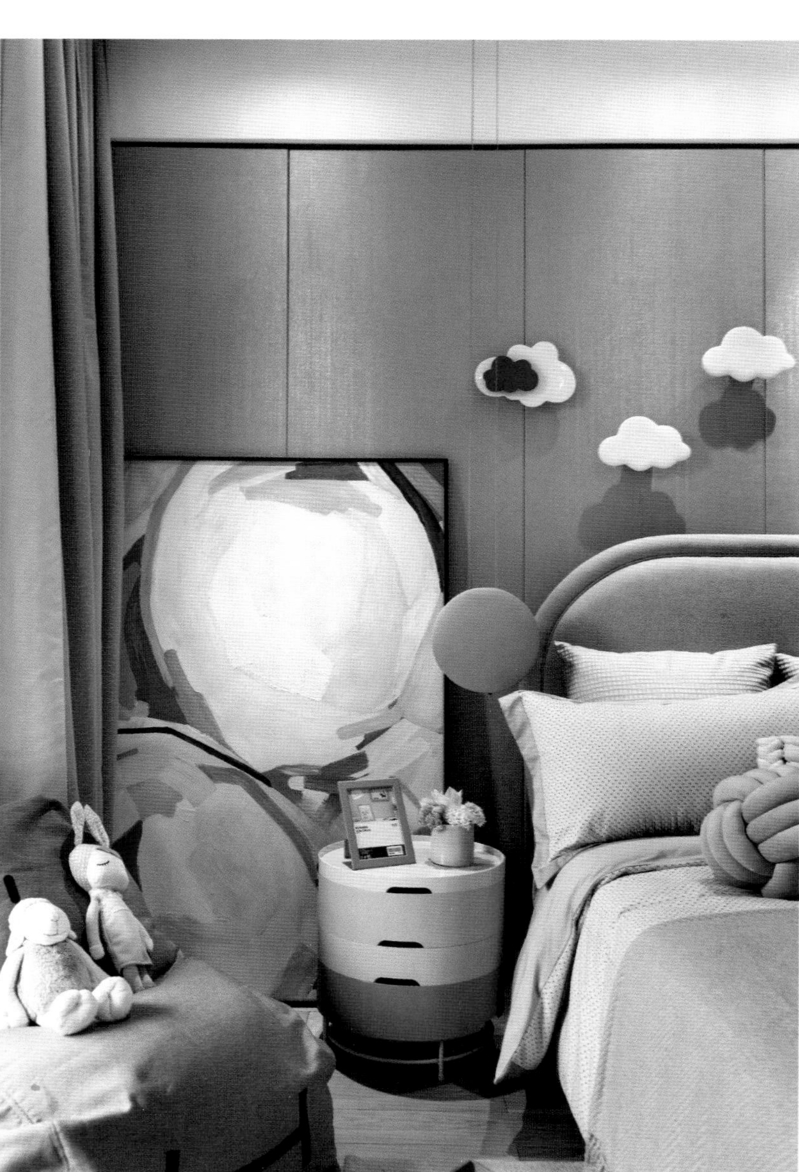

色彩搭配：为孩子专门打造的色彩空间

儿童房的设计，将孩子独有的年龄阶段与成年人的沉稳风格设计做了区分。浅蓝色、土黄色、粉绿色、桃红色等缤纷的色彩，多色的字母地毯，铺陈出空间活力，透着活泼童趣的卡通玩具与墙上装饰，深得孩子们的欢心，也有助于激发孩子无穷的想象力。在色彩明度和纯度的选择上，设计师使用大量的灰色调和中性色相结合，避免了空间被孤立，保持了整体效果的协调一致。

达观设计　设计作品

LOW-KEY, LUXURY, SUPREMELY MODERN LIFESTYLE

低调奢华的极致现代生活

项目名称：南通万豪山庄　地点：江苏　面积：220 m²

设计师：凌子达　摄影：施凯

软装布艺：快节奏都市中的柔软空间

家具的选择以贴近都市生活的舒适实用为目的，空间中每一件家具简约却不简单。客厅里的浅灰色沙发是经典的现代风格，令整个空间稳定而舒适，营造出一种宁静、放松的感觉。餐厅中的沙发椅表面是细腻光滑的皮革面料，增加就餐的舒适度，利用流畅的黑色线条描绘边缘，营造细节。

一层平面图

设计说明

南通万濠山庄作为高端住宅产品，旨在体现主人的气质与内涵，传达出一种高级的精神层面上的诉求。

与过去定义的奢华空间不同，设计师希望打造从设计本源展现中的美学，让业主感受到属于自己的气质与意境。设计团队深入研究了其意境与内涵，期望使用者在生活的同时，能够感受到艺术建构于生活的设计理念。

所谓豪宅，需要仪式感、尊贵感、奢华感及私密感。但决定一个豪宅的设计关键在于细节与品位，在于功能性与艺术性的统一；除了在环境和功能上提升业主的居住品质，更重要的是创造出具有幸福感的生活场景，体现出业主独特的审美情趣，才能真正演绎出豪宅气质。

此套案例注重硬装修手法，以奢华风格为主题，去除传统奢华风格象征性的繁复造型与线条、融入新奢华元素，运用柔滑的丝质，高雅的饰面、金属线条、素面进口牛皮营造奢华的贵族气质。

在空间格局上，设计师让每个空间之间的关系在视觉上相对独立，但在动线上灵活贯通，色彩上以中性的色彩搭配以古铜色的不锈钢和天然石材等材质完美搭配。

灯光营造：
多元化的灯光设计

开阔的挑空别墅空间，采用长款的吊灯来弥补空间的空旷感，打造出稳重、华贵的豪华别墅气质。精致的水晶灯晶莹剔透，简约又不失优雅，是整个空间的点睛之笔。会客区在顶棚里暗藏一圈环形灯带，柔和、恬静的灯光衬托出另一种优雅氛围，非常适合人们在忙碌之后在此休息与闲谈。

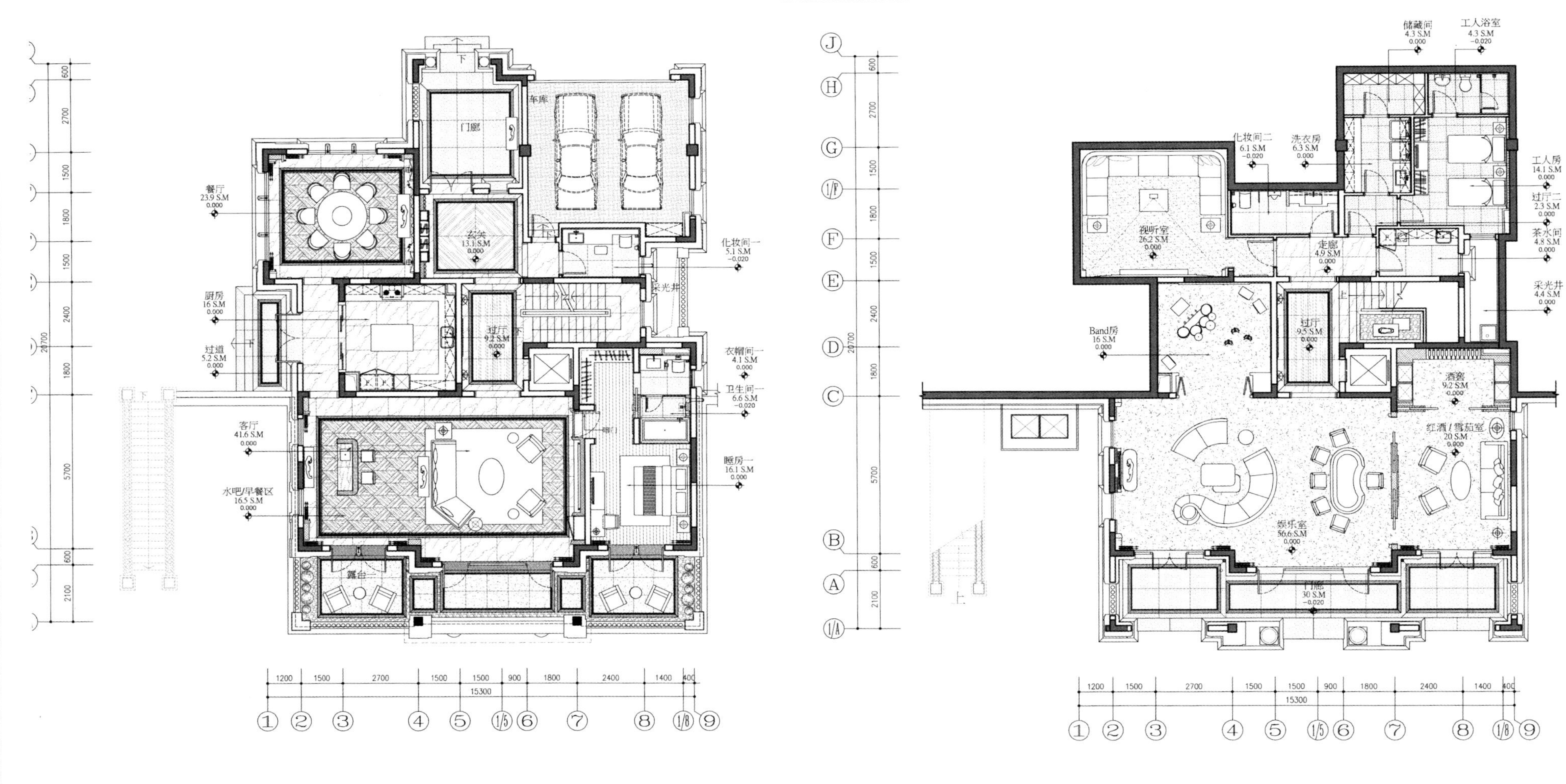

一层平面图

地下一层平面图

设计说明

传统观念中，“奢华”一词往往和繁复、尊贵及精美联系在一起，只注重观赏价值，缺乏实用性。而现代奢华，通常注重低调的奢华，设计手法简洁、不流于形；看似朴素的外表，不经意间透露出隐藏的贵族气质，以精致的软装细节体现，还隐藏着意想不到的功能与科技元素。

此处，设计师承袭摩登经典元素，融合现代都市设计手法，借以复古家具、饰品的陈设，明亮、强烈的色彩对比，呈现一个时尚与实用并重的奢华空间。

【玄关】

玄关，“玄之又玄，众妙之门”，一副几何图形拼接的立体主义画作，奠定了整个空间的装饰主义风格。两旁复古对称的圆形黄灯与点缀顶棚的立体金也甚是搭配，联结着亮光木饰面墙身，自由通向客厅的廊道，予人以敞亮、随性的“第一印象”。

【客厅】

运用传统的开放式空间（Great Room）的手法与吧台相适应，在核心位置挑高顶棚，依靠沙发来定义区分功能。利用复古矜贵的吊灯、舒服高级的布艺、简约时尚的地毯和带着主人喜好的陈设品，打造出空间的层次感。

【吧台】

摩登现代的工业灯与吧台主要背景——城市建筑画作，共同渲染了一种城市化、现代化进程的快节奏感，再来一杯威士忌，即刻变身好莱坞电影经常出现的一幕情节。

【餐厅】

巨大的圆环形水晶吊灯倾泻而下，点亮了用餐空间，配以经典咖的真皮餐椅为点缀，呈现低奢、大气之风。用餐桌旁，以蓝色与橙色强烈对比的陈设，碰撞出兼具超现实与复古风情的视觉感受，是现代与传统的交错，寄予空间一种新的生命。

色彩搭配：
擦出冷静与热情的色彩火花

暖色调的会客空间沉静、温暖；橙色的皮革座椅散发出时尚魅力；棕色的木纹背景墙原始粗犷，表现了崇尚自然的生活情趣。沉静的湖蓝色的加入，触发了橙色的张扬因子，在木色的衬托下，这组对比强烈的绕线装饰更显明快简洁，联手演绎出个性与摩登力量。

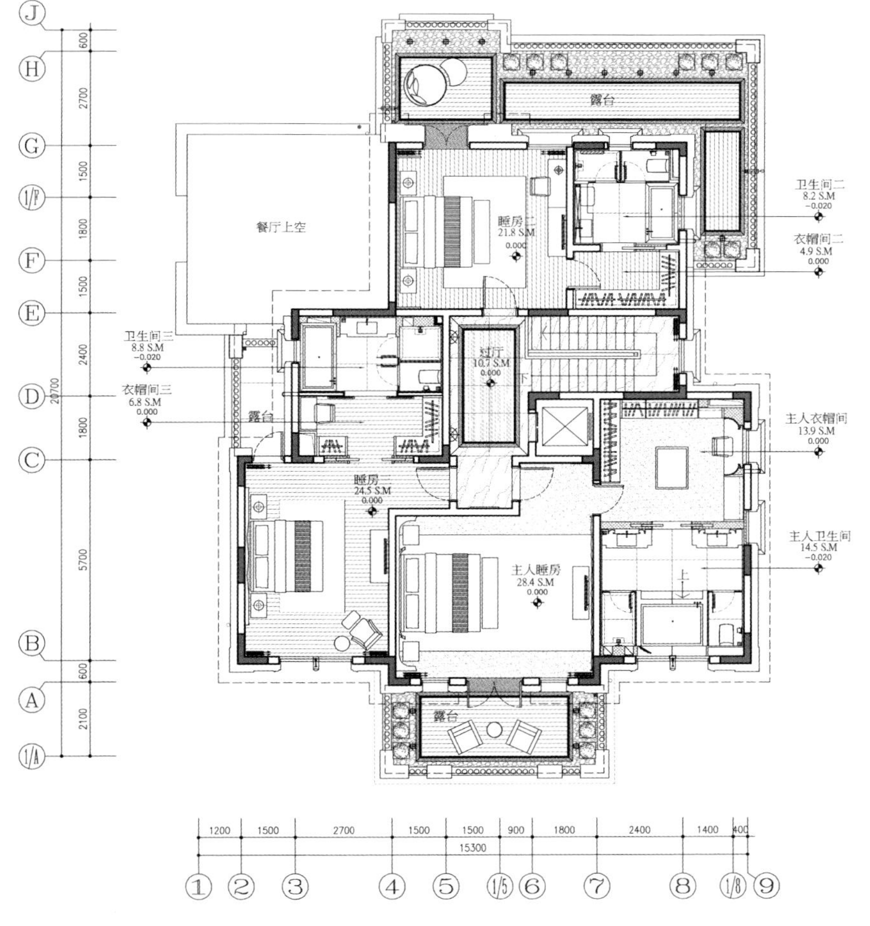

二层平面图

【主室】

一盏现代床头吊灯的陈设，使空间中浓烈、醒目的橘红色变得柔和。地毯上简约的白与床上用品相呼应，再配以背景的帆船油画，透漏了主人一往无前、无所畏惧的探索精神与自由洒脱的性格。

【儿童房】

简约的黄棕色地毯提亮了原木地板的深沉，并与房内的光亮度相适应；空间以阳光、青春的蓝与橙为基础，缀以"马"为主体兼具超现实与立体的艺术画作，寓意业主"阳刚""雄性力量"的象征。

【雪茄室】

休息厅中再次使用了"开放式空间"（Open Floor Plan）的设计，与麻将桌联结在一起；通向红酒屋的推拉门，兼具功能与美感的设计，营造出丰富的视觉效果。为互动创造了更多可能性。

饭后小憩，或与三五知己一展"技艺"，抑或是在酒过微醺之时，随性畅谈。

【阳台】

走出主卧，着一身舒适长衫，将湖光美景尽收眼底，褪去一身疲惫。

细节演绎：
自然纹理塑造自然人文生活

自然的材质纹理贯穿于整个空间之中，远处的木饰面墙面保留了木材天生的纹路，透过窗外的光线变化，表现其材质浑然天成的纹理质感。客厅中央的茶几与边桌，利用细竹篾编织成色彩交错的几何花纹，使桌子的立面呈现不同的色彩明暗和纹样组合，为居室增添细腻的艺术表达。整个客厅区域以一张大气的地毯作为打底，就连图案也是棕色的木格纹，形塑出对自然、人文向往的生活态度。

灯具选择：创意灯饰成为乐趣之选

儿童房里为了配合乐高积木的风格，灯饰的造型选择也格外用心。设计师用彩色亚克力圆片插接的方式设计了一盏吊灯，十足的现代构成造型给人带来别具一格的视觉享受。除此以外，使用者还可以通过自己堆砌和拆卸，利用插接口之间的变幻，随意更改造型，创造出各种形状的灯具，让“创造灯”也成为一项有乐趣的活动。

家具选择：乐高迷的家具选择

在客厅里设计摆设了“一”字形长沙发、单人沙发还有组合沙发，以一种不经意却十分合理的方式摆放，满足了业主家庭所需。令人意料不到是，角落里出现了一张用乐高积木和复合型材进行整合拼接的儿童椅，不会过于幼稚，却也充满浓浓的趣味，也许经过不同的拼装改造还能创造出新的家具造型。再留心看到卧室中的床头柜，也都是乐高积木的造型，令空间充满了惊喜。

奥讯设计 设计作品

PURE AND FRESH, REFINED, DIGNIFIED SPACE

清雅脱俗的气质空间

项目名称：广州星汇金沙花园别墅项目 地点：广州 面积：240 m²

项目业主：广州市宏锦房地产开发有限公司

色彩搭配：清雅脱俗的色彩明朗色调

整体色调清雅脱俗，为了让空间呈现一种温润之感，选用月白色作为主色调，客厅搭配鹅黄色、金色和原木色，再点缀以抱枕，塑造了一份如同秋日午后阳光般的色彩调性，给人温暖清新的感觉；月白色作为空间的整体色彩，搭配细微层次变化的水貂灰色地毯和渐变质感的水墨色抱枕面料，空间的层次因此变得更加丰富，一点点紫红色让空间氤氲浪漫的气息，点缀一点金属色和绿植的新绿，顿时让整体空间明朗而清雅。

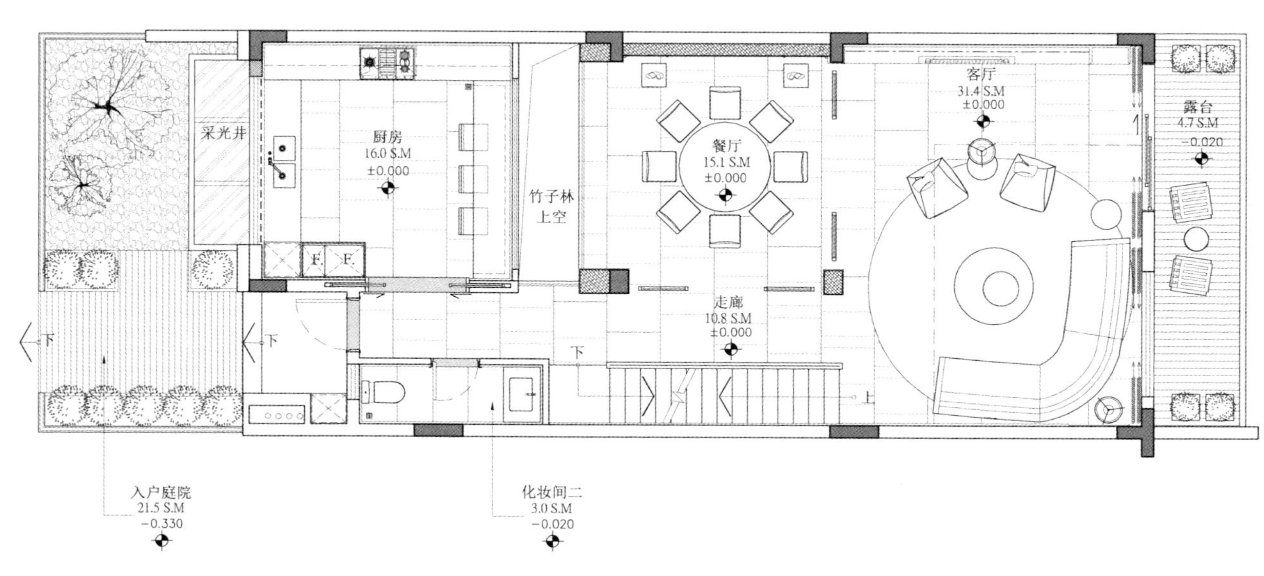

二层平面图

花艺选择：选择富有意境的花艺

花艺选择使整体空间十分富有意境，从简洁到极致、无不透露东方的意境与平和的气质。花器选择造型大气的陶器，搭配苔藓绿植和几枝枯枝，旁边搭配的是干枯的莲蓬；而玄关处则设置盆景，为空间增添了几分禅意，大面积的留白，给空间增添了想象力。

设计说明

在喧嚣繁杂的闹市中寻获一方净土，静静感受生活，好好放松身心，是许多都市人藏在心里的念想。本案的主体是广州星汇金沙花园别墅，设计师以简约明快的“东方雅致”风格为主调，从造型、材料及饰品的选择上，衬出空间静心雅致的氛围，再搭配浅灰色扪皮饰面等局部的点缀，使居住者的身心在这里得到舒展与释然。

【通透客厅】

客厅既是家人相伴友人相聚的地方，又是娱乐玩闹、畅谈曾经的主要场所，在满足人们休息使用的前提下，尽可能多地腾出视野，让整个空间的线条造型一览无余。背幅用浅米白的特殊玻璃搭配上一幅颇具东方元素的手绘壁纸，精致又不失大气。

【客厅设计】

即使在宽敞明亮的客厅里，桌面上的绿植、松果也不显平淡，反而表现出一种勃勃生机。绿植争相吐蕊所彰显的生命力以及松果历经枯荣之后的宁静相融、合相生发，整体视觉张力特别强烈。

【禅意茶室】

在一层的空间里，设计师还选择通过茶室来为“东方极致”的风格添上一道亮丽的风景。茶文化是最能表达东方元素的介质，通过茶室展现出忠实于统一的格调，回归到“东方极致”的主题，静谧的空间像是在诉说着一个故事，让人于闹市中归来也能找到内心的一片安静。

【明亮餐厅】

餐厅的正上方是一处采光井，而除了背景墙用英伦玉石的纹理来衬托空间外，四周墙体多以清玻璃或者屏风来装饰点缀，整个空间的通透性更加吸引人眼球，让自然光倾洒在各个楼层之中，增添了一份灵气。三层空间和二层的景观井相对呼应，书房和客厅的相对呼应增加了整个空间的趣味性，采光井和景观井的存在也使得空间更加明亮自然，生动又不失含蓄静谧的风格。

【餐厅设计】

厨房设计亦是本案中的亮点之一。高级定制柜体划分错落有致，足以满足日常生活收纳置物之需，且通体以白色为主，点亮整个空间的视觉效果，使心情也为之飞扬。设计师还以大块石板构成简洁利落的休闲吧台，丰富空间功能之余，还增添了艺术美韵。

【静心卧室】

低调洋气的灰绒地毯与纯色橡木的邂逅，令卧室氛围充满温馨，而皮质大床上的松软，又仿佛有一种魔力，让人忍不住遐想，若是在这里美美地睡上一觉，该是如何地惬意。

【卧室设计】

落地窗前的梳妆台上，陈放着奢华项链、典雅饰品盒、名牌香水……细看俱好。遥想晨曦透过窗纱映于几前，佳人慵起淡梳妆，个中景象，怎一个美字了得?

【窗台设计】

自吊灯至台灯至衣柜小灯，设计师采用多样灯饰，调出暖柔光线，使卧室更显敞亮、舒适。厚实的窗帘既是外部光线的隔断，又让空间更显静谧。墙体混搭二色，却又泾渭分明，层次感十足。壁画、小提琴等小物件融于整体，悄然传达主人的兴趣与品位。

【轻松浴室】

在浴室墙砖及地砖的选择上，设计师倾向于统一的线条与色调，同时还选用大块透明玻璃，将浴室的空间感放大到极致。而浴室外的竹林让统一色调的空间多了些变化，把绿色引入到室内，让室内的空间更加舒适自然。

【空间收纳】

储物间设计延续本案的东方雅致风格，地砖样式摒弃浮华与烦琐，反以洗练的线条勾勒出空间的灵动，而郁郁葱葱的绿松散发出怡然的气息，将生活形态和美学意识完美融合。

【简洁书架】

以精品橡木为饰面，外加几片木板、三两根竖木，便搭建出这个简洁又颇具线条的书架，而架上陈放的书籍、绿植又丰富了视觉，使层次愈发分明。

KELLY HOPPEN HOME
NATURE MORTE

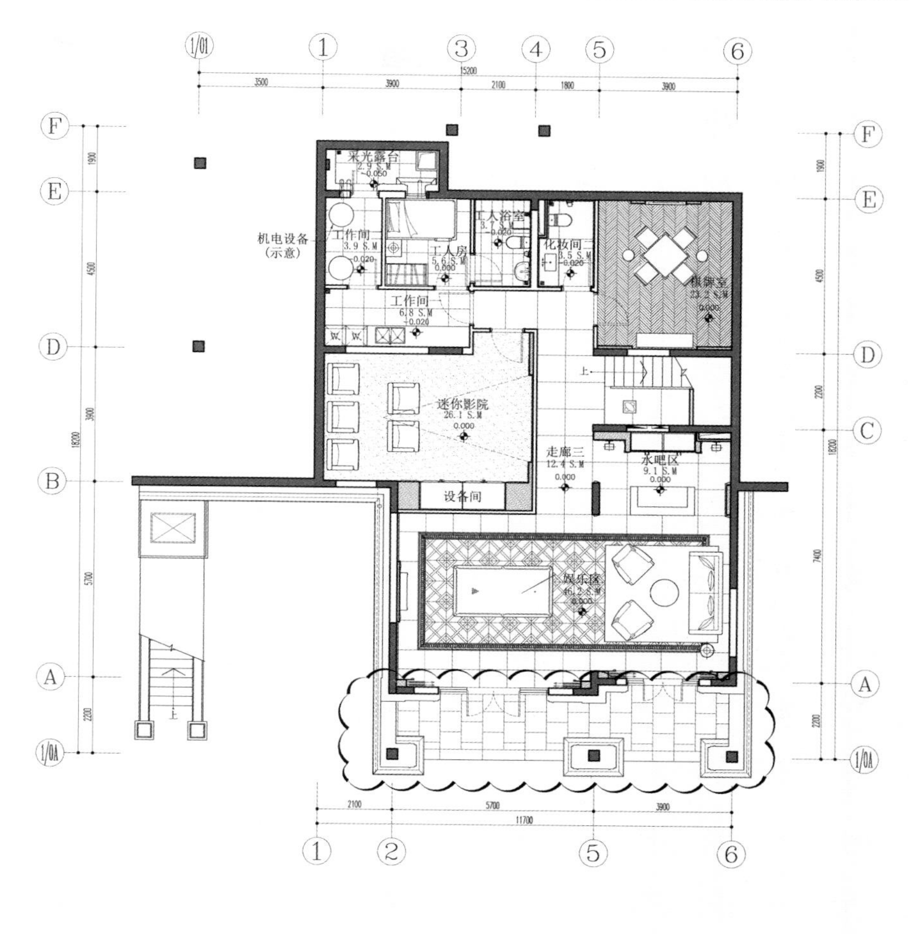

一层平面图

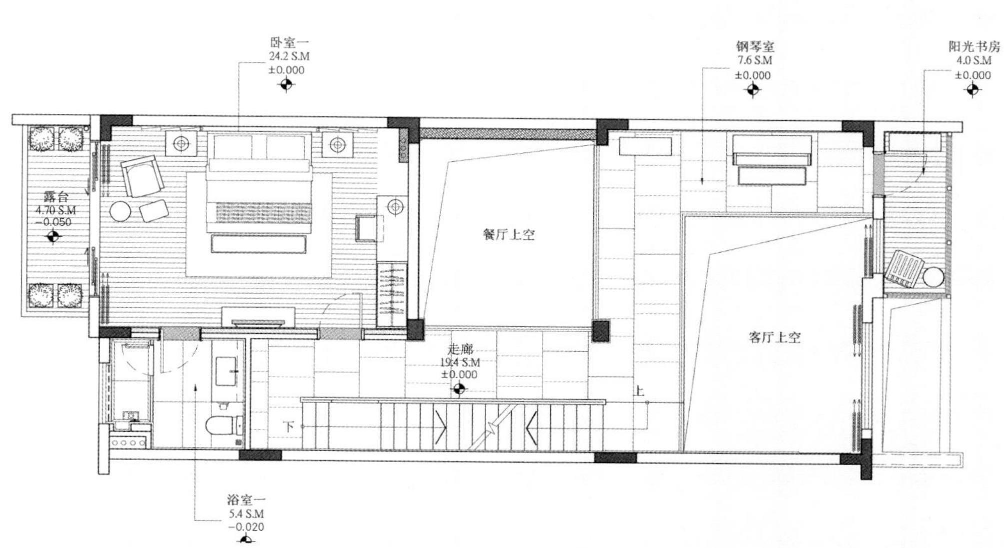

三层平面图

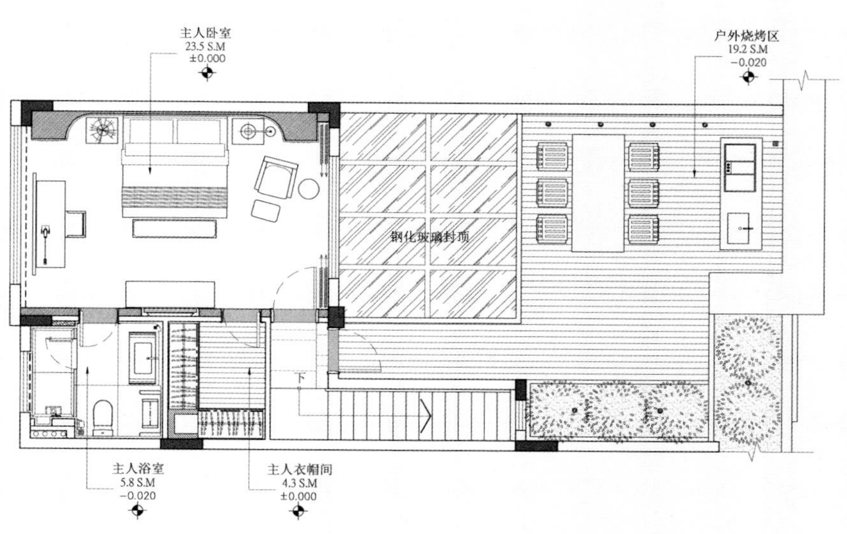

四层平面图

深圳帝凯设计　设计作品

TASTE MANSION, DEDUCE MODERN INTERNATIONAL STYLE

品味大宅演绎摩登国际范

项目名称：福州金辉"十六山房"上叠拼样板房　地点：福州

面积：265 ㎡　主要设计师：徐树仁、庄祥高、李进念

家具选择：家具组合重新定义个性客厅

座椅的摆放根据空间位置而设，"一"字形皮革沙发块面设计利落干脆，平衡空间中的线条和色块，增加了留白空间。皮革与绒布面结合的单人沙发以不羁的杂色图案形式出现，居中的金属茶几的时尚外形与整个空间格调不谋而合。而在不远处的墙边，左右各摆放着两张紫色皮革单人沙发，其舒适的设计能有效缓解身体的紧张状态，一旁的两个皮毛单人圆沙发质感与靠枕相近，细密的绒毛十分亲近人体，并弥补了角落处的空缺位置，自由组合的家具为客厅的布置赋予了更多可能。

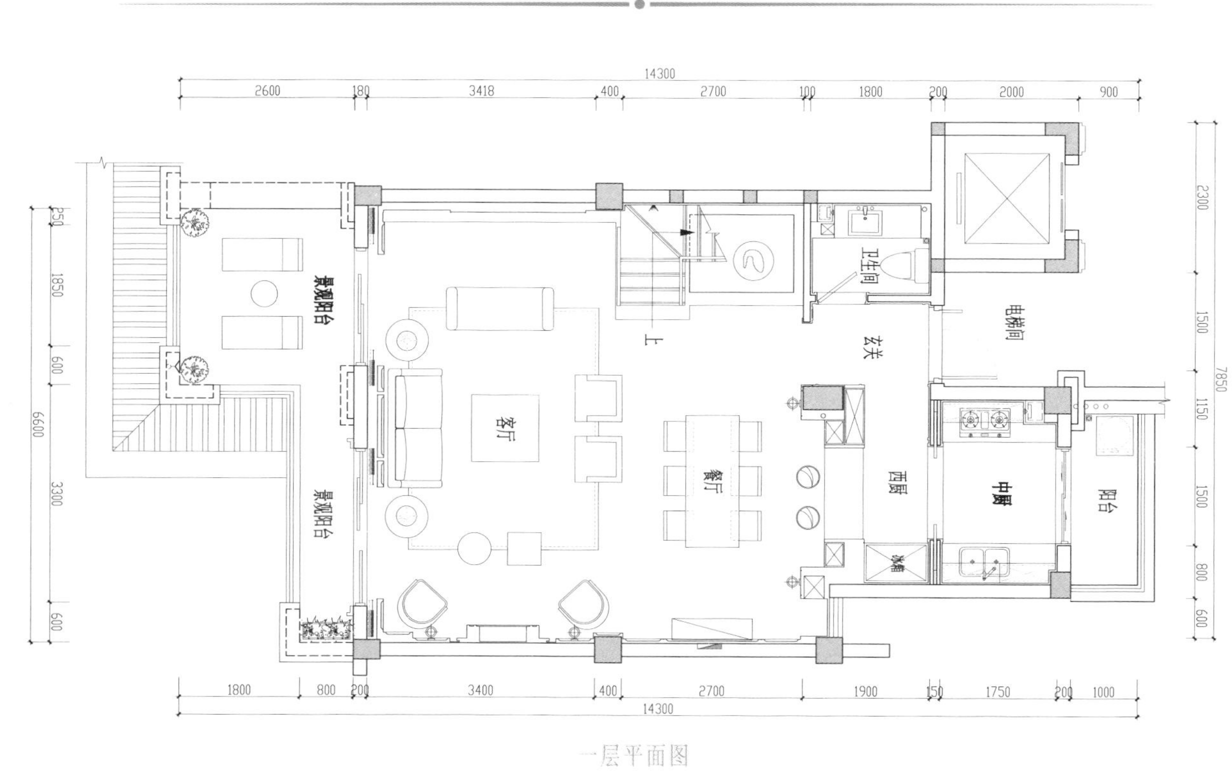

一层平面图

主要材料：影木饰面板、欧亚木纹大理石、蓝贝露大理石、拉丝不锈钢、艺术玻璃、皮雕

NEW CHINESE STYLE 新中式风格

风格概述

新中式风格是传统中式家居风格的现代生活理念，通过选择性摄取传统家居的造型和装饰，对传统造型元素大胆地简化、变形、重组，甚至进行功能置换。新中式风格紧密结合当代人的生活方式，在用材上，不受传统风格的限制，大胆尝试新兴材料及新的制作工艺，改变传统家具结构，增强家具的实用性，选择丰富多样，造型大胆创新。在装饰元素上，继承传统风格的神韵，并加以提炼丰富，让现代元素与传统元素相结合，满足当代人的审美需求。

家具

新中式家具以完美的家具比例、借用传统元素及融合合理的材质为基础进行设计。最简单的是选取某一种元素进行变化，如沙发扶手、背靠、座板等，融入了科学严谨的人体工学设计。通常以黑、白、灰、原木色为基调，局部用红、黄、蓝、绿等进行点缀。保留简化的传统符号及元素，如祥云、龙凤呈祥、万字纹等，注重中式神韵。在家具材料上，可选用更轻盈简洁的玻璃、金属、塑料等现代材料；或者将传统材料与现代材料组合运用，如简化的传统高凳、窗棂、圈椅可运用实木与玻璃、金属、皮革等现代材质演绎出不同的韵味。同时，在家具选择搭配上，更有现代或西式家具与明清家具的组合运用，令空间呈现更多元化的面貌。在家具陈设上，讲究对称和空间层次感，重视文化意蕴。

色彩

新中式在风格色彩应用上，摒弃了沉闷与浓重，注重色彩和谐的搭配，在空间基色上选择淡色，改用纯粹质朴的原木色、浅茶色或明亮的纯白色作为主色调，配以水墨色或灰色调，再运用传统中式中较为浓厚的中国红、墨色、靛蓝、翡翠绿等色彩作为点缀色，给相对偏深偏暗的中式家具和饰品提供视觉缓冲。因中式家具色彩较深，配以红色或黄色、宝蓝、翡翠绿的靠垫、坐垫可烘托居室的氛围，协调居室色彩，再加上灯光设计调节，更好地表现新中式风格的内涵，营造出富有中国韵味的禅意空间。

软装布艺

新中式风格的布艺有床品、地毯、抱枕、窗帘等。布艺装饰多用传统图案及配色，富有传统韵味，删繁就简，注重细节。如空间中中式元素较多，可选择简单、纯色款式的抱枕、窗帘、床品等，中式元素较少时，则可选择一些带有中式花鸟、窗格等刺绣图的布艺。在窗帘运用上，多讲究对称，帘头多采用拼接或者特殊裁剪。在材料选择上，可选用仿丝、丝绸、纱等轻盈精致的面料。

配饰

新中式风格的配饰删繁就简，流畅地表达出传统文化的精髓。空间的主体饰品一般为传统中式饰品，如水墨或山水中国画、宫灯、紫砂陶、青花瓷、玉石等中国传统装饰物，亦可搭配鸟笼、根雕、宝塔、香炉、茶具等主题饰品。在数量上，讲究精简，不在于多。在空间上，起画龙点睛之作用，赋予新中式以禅意，营造优雅的传统意境。

绿植花艺

新中式风格的花艺以尊重自然为主题，在植物种类上，多采用枝干修长、叶片飘逸、花小色淡、富有中国韵味的品种，如松竹梅菊、牡丹、柳叶、茶花、枫叶等植物。在新中式风格设计中，讲究留白处理，注重意境营造，而不在于装饰元素繁简。

意境营造

新中式风格的意境营造从中国传统文化及传统生活方式为切入并加以演绎，既能体验到现代的舒适，又能感受到传统的文化精神。一方面运用中国山水画、禅茶主题等传统场景元素，适宜地融入室内空间，营造淡泊、静雅的中式意境。另一方面运用托物言志、借景抒情的手法，运用小型山水盆景或绿植花艺创造清幽的意境；或借助地理优势，将室外自然风光与花木以框景形式引入室内，营造诗情画意的中式意境。中式室内外景观的营造以师法自然、诗情画意、写意为特色，利用动静虚实、大小曲直等因素共同构造中式意境。

运用元素

新中式风格的运用元素包括人物图案、动植物图案、图腾符号及几何符号元素。运用人物图案元素，给室内空间增添人文亲近之感；运用表现形式多元化的动、植物图案，增添室内装饰灵韵，应用的典型图案取材于大自然中的花、鸟、虫、鱼等，其中牡丹花形丰满，象征富贵，梅花优雅飘逸，象征坚强；运用图腾符号元素，有由点、线、面构成的纹样，例如祥云、龙凤呈祥、丹顶鹤、佛陀等，可用于家具和饰品中，寄寓着特殊寓意；运用几何符号元素，则显得简洁大方。

深圳创域设计有限公司 设计作品

HONORABLE, ELEGANT INK PAINTING SPACE

尊贵典雅的水墨空间

项目名称：成都万科翡翠公园别墅样板间 项目地点：四川 项目面积：约 450 m²

软装执行：殷艳明设计顾问有限公司

设计师：殷艳明 参与设计师：文嘉、万攀、周燕黎、周宇达、梁深祥

配饰细节

客厅的细节让人回味无穷，首先是墙面大面积蔓延的装饰，如同叶子一般的造型，古铜色半透明状，打造变化万千的装饰效果。前景则采用半透明蓝色，与室内装饰形成了一种呼应效果，精致而独特的托盘和细节讲究的抱枕，则让空间充满质感；一对石狮子的装饰摆件，更是既增加了中式的味道，又活跃了整体空间的气氛。

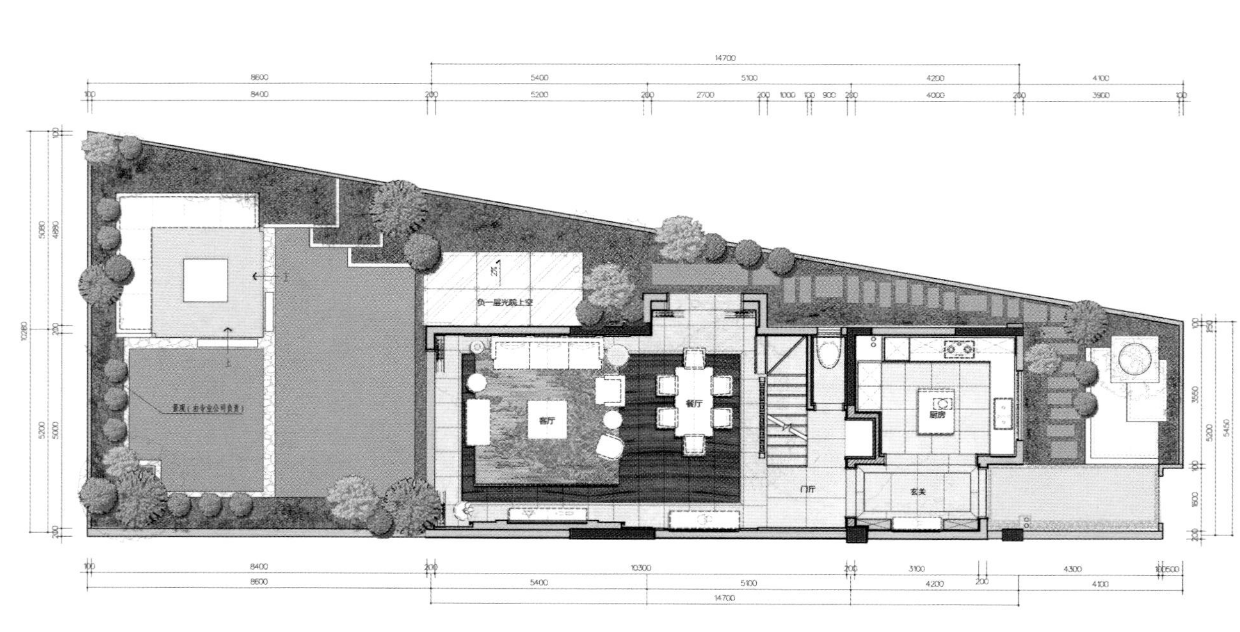

一层平面图

主要材料：玉石、茶色不锈钢、皮革、树脂板、壁纸、橡木烟熏木地板、灰茶镜、透光云石灯片、艺术玻璃

设计说明

轻风一笑拂红面，细雨微落润绿珠。

蜀地，天府之国。安史之乱时流落此地的杜甫曾写“出师未捷身先死，长使英雄泪满襟”，也写“好雨知时节”，“晓看红湿处，花重锦官城”。这里有历史的深邃、王者的开阔、诗词的温婉、川剧的铿锵。端一盏茶，摆起龙门阵，庙堂江湖在里头，天地万物在里头，创域设计出品的万科翡翠公园联排别墅样板间也在里头。

在这里，悠久的文脉，舒适雅致的生活情怀汇聚在一起，演绎出一场当代中国人生活的写意画卷。

整栋别墅共有 5 层。设计师根据三代同堂的居住要求，划分出合理的动静分区。并在地下一层，地面一、二层之间分别打造出两个挑空中庭，以增强不同层面空间的穿透与流动，也保持轻松、明亮、通透的空间感受，为设计师营造整体的居住美感奠定了基础。

入户玄关，设置鞋柜、端景台，片刻的停留，轻轻抖落的是凡尘。铜色镜面既拓宽了空间视觉，也为自己留下了一份心境上的观照。

客厅的空间处理简洁利落，装饰构想却独具匠心，细节精致考究。一边墨线恣意纵横，见山峦叠嶂，江河流淌，墨色层层晕染，似云烟、似雨雾，充盈于天地之间。这整面墙的水墨意境气势磅礴，自然天成。

另一边将中国传统屏风的概念扩展以分割墙面，黄铜丝打造的莲叶与莲蓬错落有致地分布其间。两组主要的沙发一白一蓝，形式现代又点缀中国传统元素。地毯图案来自对山水的抽象与分层处理，若有若无地铺陈于地面。这些都与浓墨重彩的水墨山水在主题和形式上形成冷暖、轻重、古今的对比与呼应，在厚重的文人气息中又跳跃出生动、雅致的生活情趣。

楼梯处采用透空的设计手法，联系一、二层挑空的中庭。中庭设置餐厅，从高空轻盈垂落的艺术吊灯与不锈钢屏风营造出华丽的气质，又强调了中庭挑高的纵向视觉效果；餐厅与客厅连通开放，增加了同层空间的通透性。餐桌上，一簇红兰在沉稳的花器上显得分外典雅，象征了女主人兰心蕙质的高洁之态。

地下一层也是本案的重点所在。不同功能空间的主题打造，提升了整个设计的品位和韵味。地下一层增设夹层空间，下沉庭院、会客区、台球室、影音室和棋牌室一体化设计，体现多重娱乐功能。在设计上，具有与公共空间相同的表现主题，围聚起家人、好友间的情感。

设计师独具匠心，将二层空间打造成私密性及尊贵感十足的老人房和儿童房套间。过厅视野开阔。由此进入卧室的动线，宣告私人领域段落的开展。端景台采用中式对称设计手法，秋色的漆画在昭示着中华文化背后的绚丽风景，与老人房沉稳雅致的格调相辅相成。

儿童房的设计以“飞机”主题贯穿整个空间，相关饰品的点缀、穿插不仅体现了孩童时代大胆想象、探索，充满活泼动感的特质，也隐喻了《小王子》这个经典童话中对生命纯真、本质的永恒追求的美好愿望。

三层主卧空间宽敞舒适、沉稳大气，一进屋就能轻松卸下工作压力。伴佐夜色，暖灰与藏青色的床品，在金色线条感与主题墙面山水皮雕纵横的堆叠中，光线气氛的氤氲将人带入宁静惬意的休憩氛围。整个空间展现出一派山间云卷云舒的意向，在这里感受到的不仅是身体的舒适，更是精神的诗意栖居。床尾的贵妃椅与大理石桌构成显示居者品位的纾压角落，主卧阳台也可供闲暇之时观景品茗。

独立的衣帽间设计优化布局，具有更衣和收纳空间的功能，带入精品展示概念结合女主人的梳妆台，提升使用体验感。

浴室选用自然石材装饰。日光斜斜地穿过，将窗边遒劲的树枝，化为墙上轻盈斑驳的身影，化为心中一道安静的风景。

四层采用透空的设计手法连接书房，空间整体且富有趣味性。设计师娴熟地将经典元素和现代设计风格浓缩成材质与色彩，在这个光与生活融合为一的灵动空间里，无上优越不言自彰。金色的线条与沉稳温润的色彩表现，托衬着书架、挂画，增添空间沉稳内敛的人文氛围。

透天住宅常见的长格局中，保留一气呵成的空间串接，仅以机能段落的端景表现为区隔，增加空间的开阔感受。顶层增加儿童娱乐的星空露台，满足亲子活动的需求。

整体空间以暖灰调结合原木色为主，营造温馨、雅致的氛围。局部不锈钢强调空间线性结构，贯穿各个空间的朱红、赤金、群青、苍色、藏青点缀，让整个空间在一派敦厚宽容的沉静中，又生动活泼起来。

设计师把中国文人追求的精神从从容容地挥洒于客厅、端景和卧房的墙面、配饰等细节上。在这里，山水之美、空间之美、意境之美、材质之美都在驻足回首之间，融会贯通，消隐了彼此之间的界限，而达于通透，在现代人的生活中体现出“意胜于形，得意忘形”这传统美学意义上的本质精神。

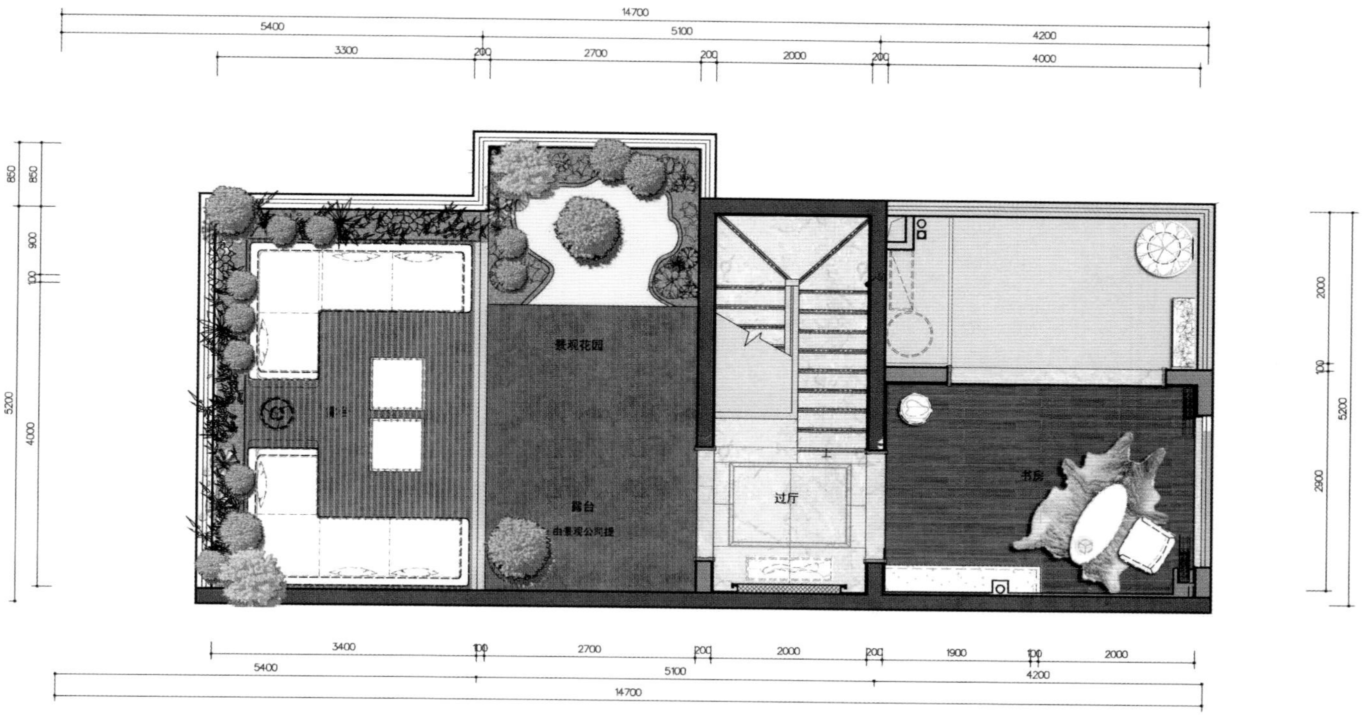

景观花园
露台
过厅
书房

四层平面图

主人房
主卫
过道
上18级
下16级
化妆凳
衣帽间

三层平面图

老人房
卫生间
上16级
下19级
男孩房
过道
卫生间

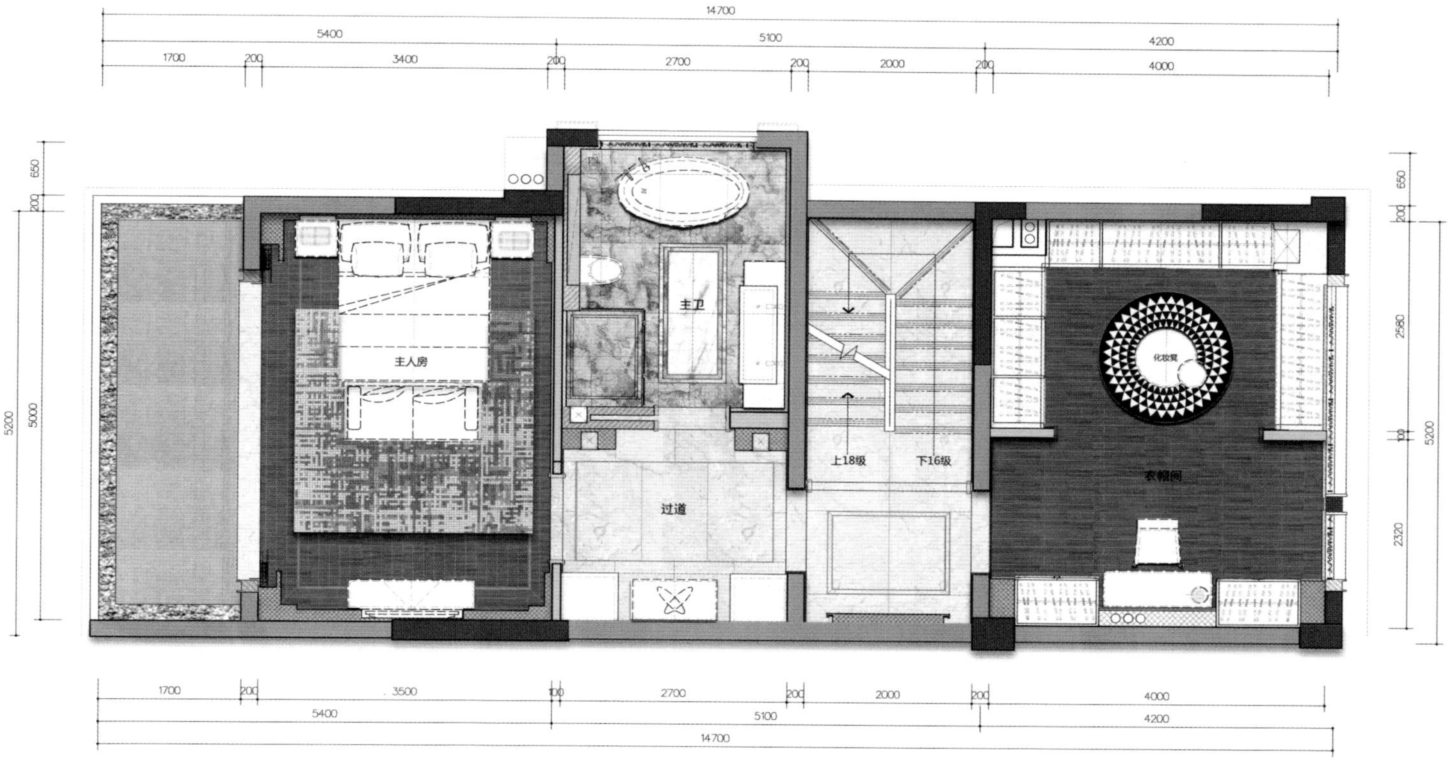

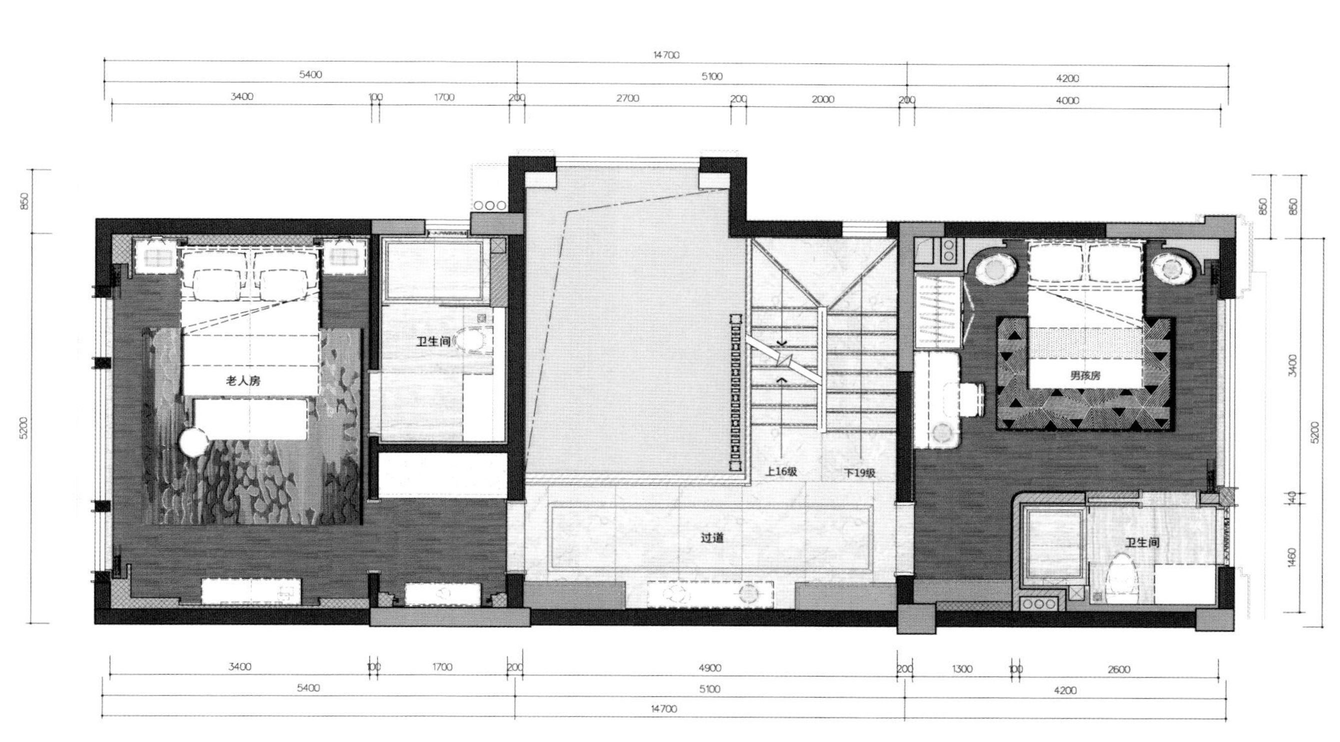

二层平面图

元素运用：弥漫整个空间的水墨晕染

整个空间晕染着充满灵气的水墨，设计师运用各种手法，将这一主题元素在空间中一再重复与强化，但又不会让人感觉枯燥乏味。在入户玄关，用版画的形式，塑造空间的独特质感。在客厅空间，用大面积的墙面装饰，形成了山水画的立体质感，而在相对应的另一面墙上，则使用了绘有山水画的壁纸，中国元素在空间形成了整体的主题，同时又各自富有变化。

色彩搭配：
空间色彩纯粹而具有东方风味

整体色调呈现大地色系，高级而具有质感，运用焦茶色、大麦色和象牙白色，以及加入金属古铜色作为空间底色的铺垫。同时，在局部色彩中，加入蓝墨色和深红色这对对比色，作为空间色调的点缀和提升；红蓝色对比色，出现在客厅、餐厅空间，点缀于花艺上，同时也点缀于家具面料上，给空间增添了高雅的气质，也让空间的色彩层次更加的丰富。

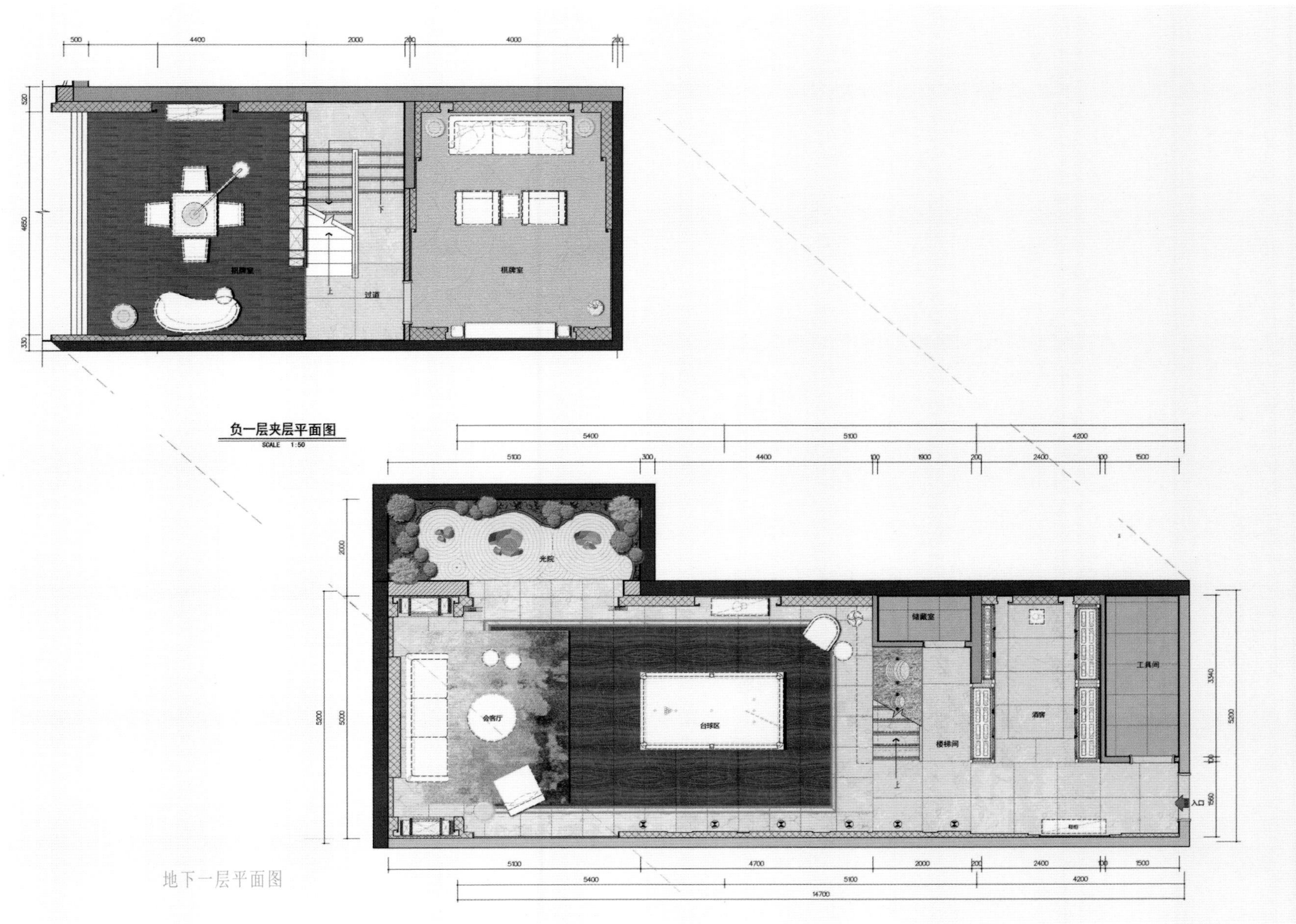

负一层夹层平面图
SCALE 1:50

地下一层平面图

灯光设计：
独特灯具点亮空间

整体空间的气质实际上是十分沉稳大气的，给人一种尊贵之感，而别具趣味的造型，则给空间带来了些许的活跃与灵动之感，打破了整体空间原本比较端庄的气场，增添家的温馨感。尤其在餐厅，如同雨伞又似陀螺一般的造型独特的水晶灯，给这个理性的空间带来了浪漫的元素。

瑞丽

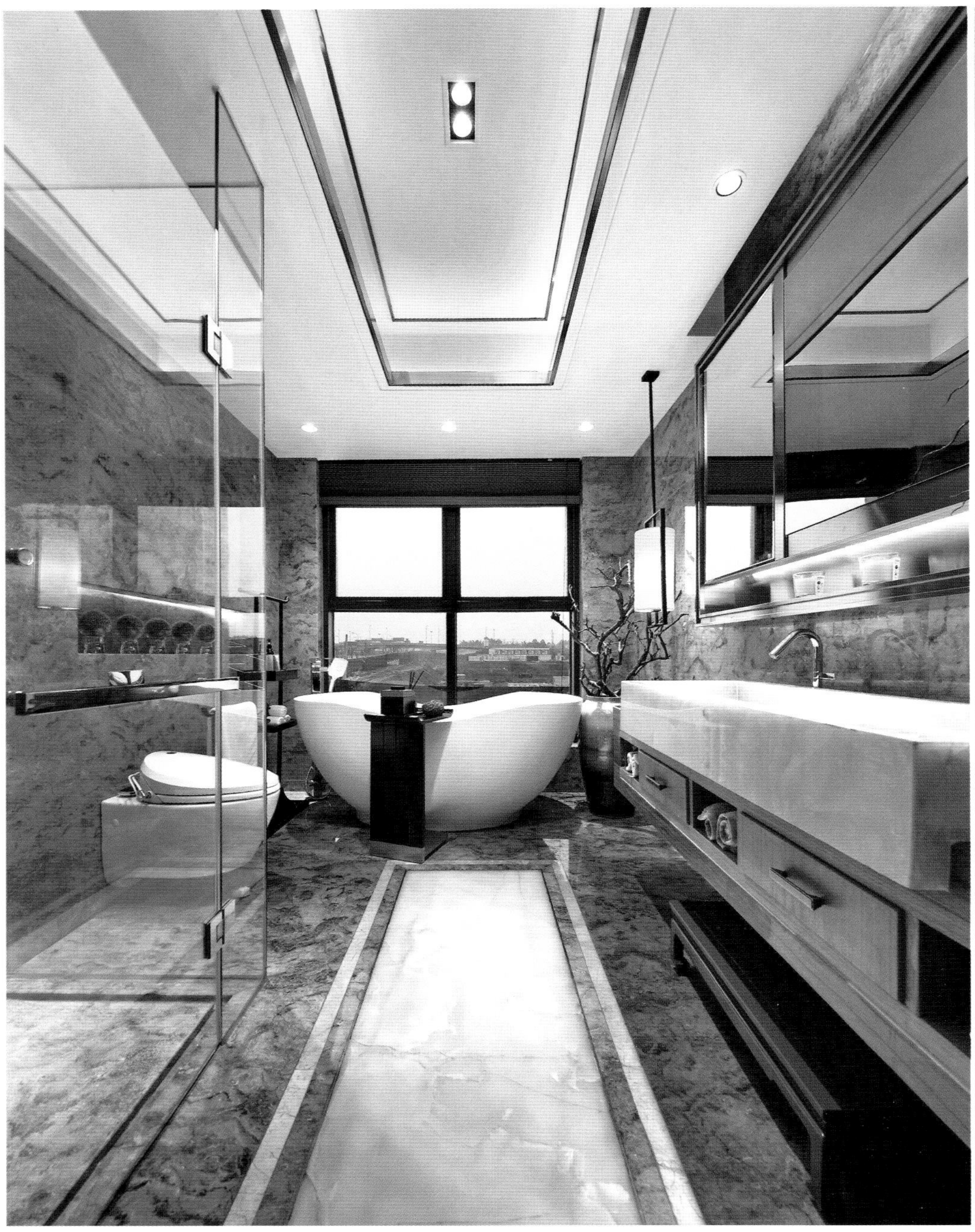

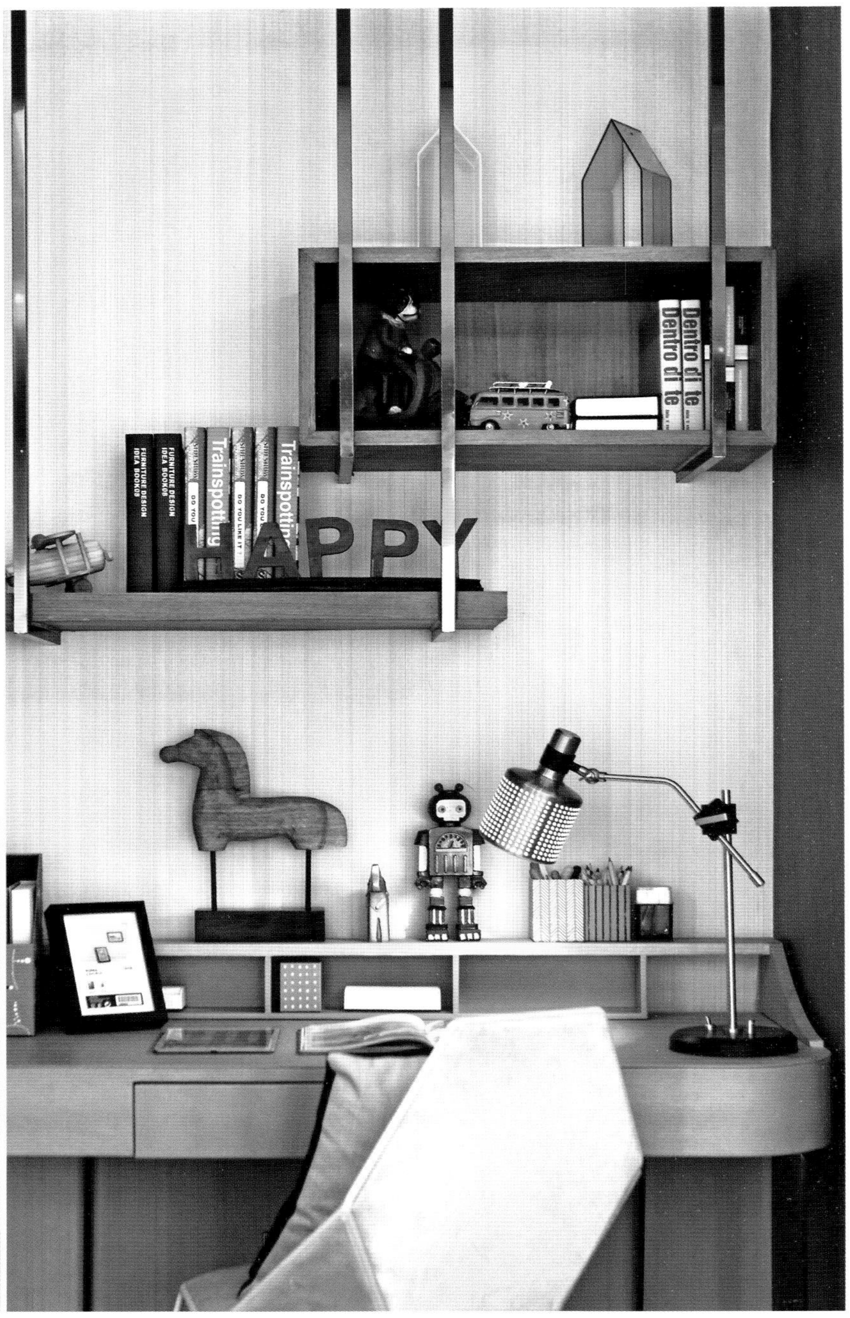
Dentro di te
Trainspotting
HAPPY

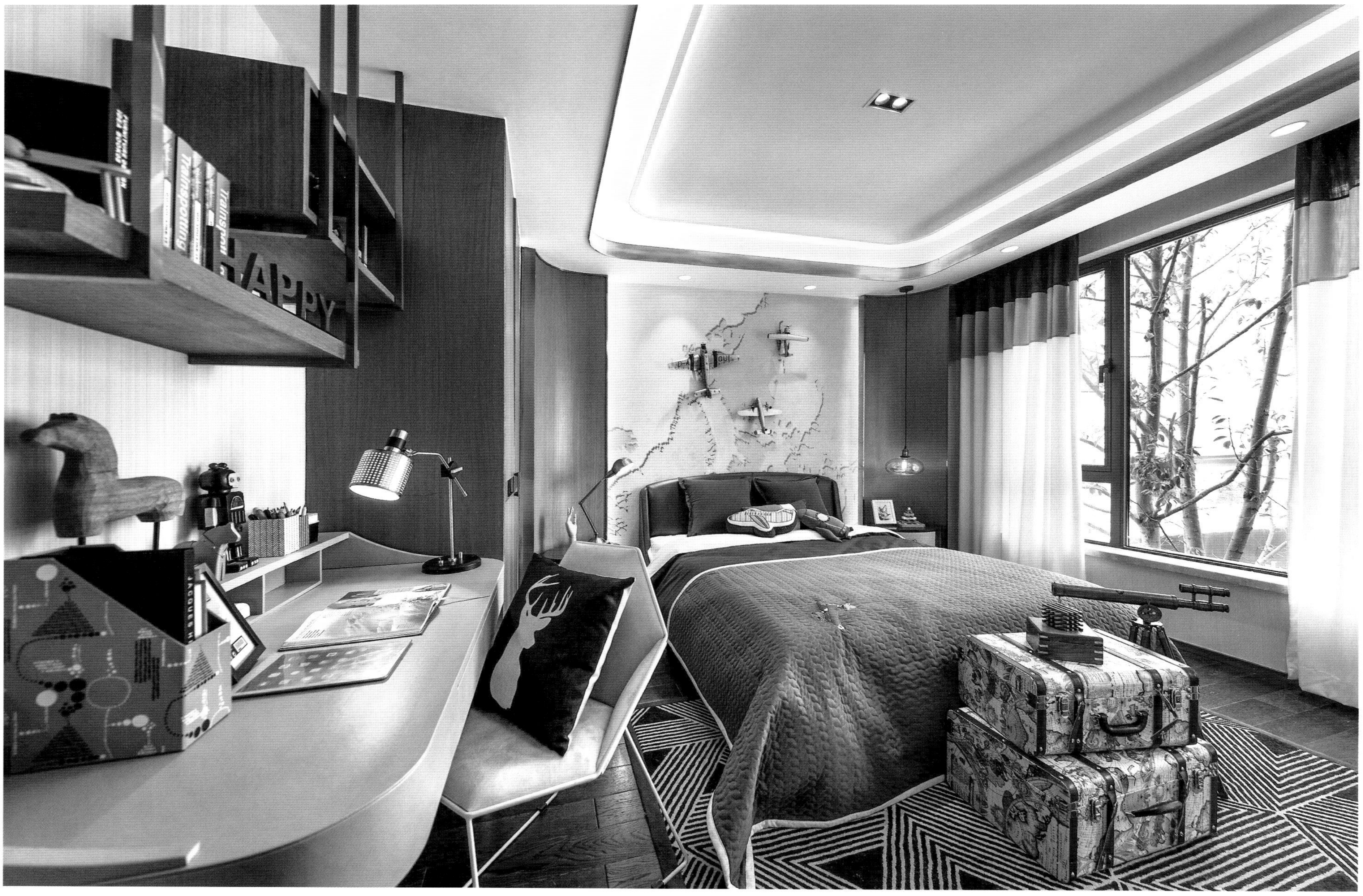
HAPPY

设计说明

垂直的中国当代四合院

中国传统建筑是一个一个院落的交织与联系，而中国家庭更依循着伦理来建立人与人之间的关系，在喧闹的现代城市中，如何将这种层次转化成现代的诠释，是我们在设计“家”的时候最大的考量。

而我们在这个中国现代的“家”中，依然将传统四合院的概念植入，但却是个“垂直”的院落，将层次垂直分明，却又紧密连接。如同传统院落的一进二进三进，功能上，一层为客人来访时的社交区，二层主要为父母房以及儿童房、书房，三层则为主人的主卧室空间，但家庭的主活动区域则是在地下一层与地下二层，儿童娱乐区、室内庭院及多功能式的家庭活动区彼此之间形成一个互动的循环体，既不受打扰，又可以将成员的休闲生活紧密联系起来。

“适得其所”是我们的在这当代四合院里面最关注的，一个家的组成是所有成员共同的记忆与回忆，因此所有空间应该是考虑到所有家庭成员的舒适感，而非重心倾斜。家人在空间里面可以各自独立，又可以随时关注到彼此的动态，如果说四合院是老祖宗的智慧，沟通则是现代家庭最需要的关键。

“韬光养晦”则是我们提出的设计风格，真正的奢华是不外露、不彰显的，而现代人的奢华更是找回内在平和的静谧感。“韬光”是藏住光芒，我们将奢华简化，将奢华留在内在。“养晦”是休养，回到家是一种内在回归，可以消除所有的外界干扰，因此自然、净化的元素在空间中随处可见。

中国式的生活并非复制西方，而是在文化分享普遍的现代，交流共融，我们提供的是对“家”“家庭”的新空间关系整理，人的生活方式以及生活体验，如何在纷乱快速的现代社会中再次被文化所提炼，这才是我们所要表达的。

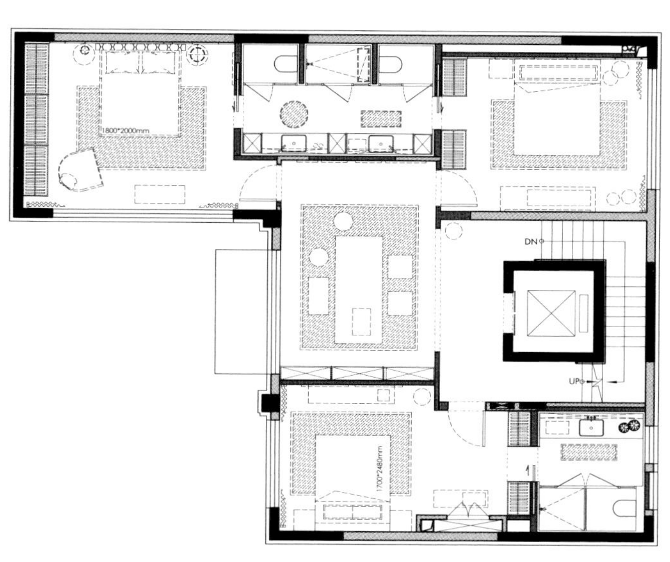

二层平面图

软装布艺：古典空间中的清新之风

对称布局的卧室是中式大气设计的典范，铺设于两端的毛绒地毯为卧室自然地分出了两个功能空间，不管是起居或休闲，都平添了几分舒适质感。清新的冷色系抽象图案如国画颜料的泼洒，又如山水的倒影，若隐若现的色彩重叠、渐变。椅上的绣线靠枕线条精致，几何抽象图案同样引人遐想，让空间更富梦幻色彩。

色彩搭配：浓郁色彩的铺展酝酿

尊重法式风格的传承，整体空间选用了浅白色调，作为空间的底色。在客厅空间，却用极为大胆的手法，铺展了宝蓝色的沙发，宝蓝色延伸到几何图案的地毯和中式玻璃屏风的蓝色梅花，大面积的宝蓝色搭配亮黄色的饰品花艺的点缀色，将空间营造的璀璨夺目，尊贵而典雅；香槟金色的屏风框架和台灯，搭配极具现代感的吊灯，和装饰叶片，使空间显得十分轻盈而具有质感。整体色调前卫而具有强烈的时尚感，但又融入了许多传统中式元素。

元素细节搭配：中式元素点缀营造意境

整体空间充满了各种各样的中式元素，虽然这些元素随处点缀，但却不会显得累赘，反而让人觉得清新宜人、眼前一亮，给空间增添了无限的灵气和内涵；从餐桌的金属烛台款式、竹节质感的中式鸟笼造型，到中式窗格元素的玄关柜及朦胧的挂画，从极具意境的极简主义花艺，到花鸟工笔画，给空间增加了些许灵动；从造型具有现代中式格调的灯具，到精致的饰品，尤其是阳台和茶室的营造，都极具现代中式的魅力。

意境营造：因地制宜地营造静谧气氛

茶室中，简洁有致的线条，简约造型的现代中式家具，精心布置的饰品，具有传统中式味道，同时独具匠心的细节，赋予空间淡雅流畅的色调，使空间氛围营造一气呵成，极具中式意境；起居室则选用深色调，给人以古朴深邃的美学体验，舒适的沙发，则给空间增添了绅士格调，金属的茶几，给空间增添了几分气度，搭配自由组合的装饰画，散发着慵懒气质。

设计说明

诗意、东方、淡雅、恬静

中国人对于中式情怀的喜爱应该是渗透在骨子里的。文化始终不能脱离历史的根基，如何将它的完整性和影响移植到今天，让它成为设计中的一部分，找到它的根基与精髓所在是我们在设计的过程中不断思考和想要实现的。

这次我们运用大比例的竹子和藤编的元素和造型多变的吊灯，试图在这个空间营造隽秀飘逸的感觉，墙上悬挂大面积留白的抽象水墨画，刻画空间的尺度感和层次感，倒是有几分“白云如有意，穿竹伴清吟”的意味。阳光随一日晨昏从外面的世界渗入进来，云的光影随着微风、光照溶溶曳曳，或静或动，遇上疏密有致的竹子，光线便被分成了许多碎片，散落在空间里面，居住者能够体验其间的光影流动，享受每日不一样的景色。

至境东方，溯源中国。时代在变，人的审美原则和追求也在变。扎根于传统中式文化的精髓，我们尝试用中国人流淌的东方血液重塑我们对美的定义，推开所有既定的规则，把东方和现代的意蕴糅合起来，我们希望在空间呈现的是富有现代感的中式情怀，讲究的是东方的意韵。

我们试图以现代人的审美需求来打造富有中国传统韵味的事物，将空间设计中注入了一股崭新的东方风格，使东方传统艺术的脉络得以蔓延下去。东方精神和西方形态交织结合起来，以一种“心随万境转”的精气神贯穿整个空间，使居室充满灵动性，仿佛置身山水，恬淡空灵的山间云雾，随风而动来到这里。

灯光营造

整体空间的灯光都是含蓄而温润的，尤其体现在卧室，设计中利用了背景墙的开合来营造多层次的灯光效果，线条的疏密营造了背景的层次感，让空间增添通透性；利用点、线、面的构成，将灯光划分成不同的层次，背景的暗光源 ，使得卧室增添一丝神秘感，而床头的吊灯，则强调营造了中式意境。

软装搭配：
浑然天成的气质营造

整体家居家具选用了极具中式气韵的家具，但是又具有现代感，简洁的造型，在充满了时尚感的同时，保留优美的传统曲线，古典家具的影子也频繁出现在家具的选用上，线条的讲究、浓密的布局、具有自然气息的材质，也使空间更具有中式传统色彩；在某些细节上，则很恰当地加入了传统元素，点到为止；花艺和饰品的选择上，则是简化到少而精的状态，整体讲究意境的营造，从而让空间更加通透灵动；灯具的选择，也为空间的现代中式气氛做了最好的铺垫。

深圳市圣易文设计事务所有限公司 设计作品

ELEGANT CHINESE-STYLE VILLA, KEEPING EASTERN SPIRIT

典雅中式别墅 留住东方精神

项目名称：翡翠松山湖－滨湖花园4D#01户型别墅样板房 地点：广东 面积：1000㎡

细节元素演绎：兰梅竹美于内、君子气节溢于外

中国人对“花中四君子”一直情有独钟，将傲、幽、澹、逸四种高尚品质分别寄托于梅、兰、竹、菊上，这是烙印在中国人骨子里的中式情节。柜子的设计中将兰花与蝴蝶的图案印刻在柜门上，顶上摆放以竹为元素的装饰品，让静态的柜子多了一些精致的动感，伴随着落日余晖，使室内更多了一份温馨质感，散发出清雅的东方魅力。书房的背景屏风以白为底、梅花为题。书房是主人读书、品茶的好去处。

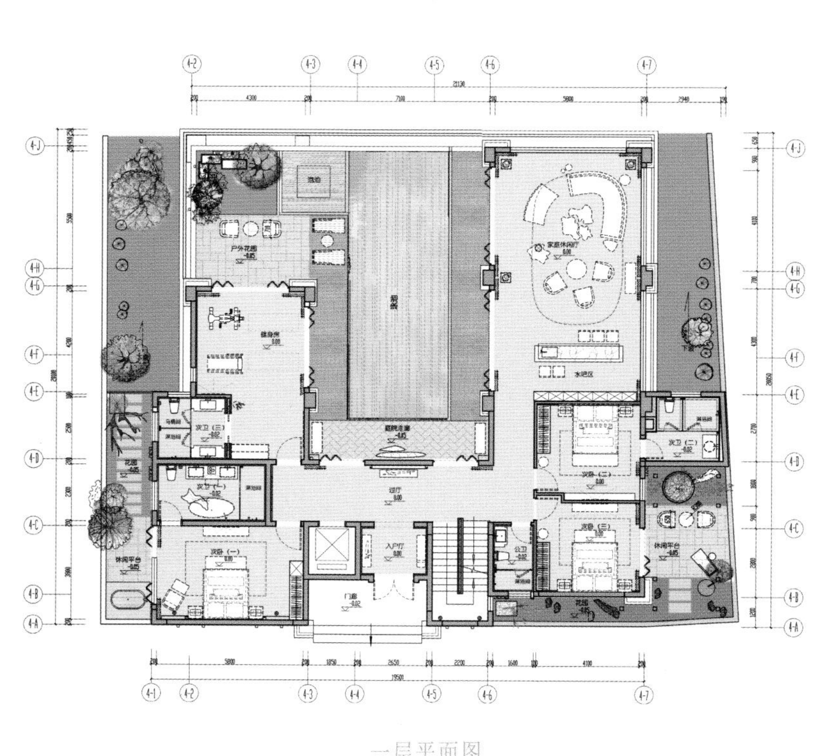

一层平面图

主要材料：翡翠木纹大理石、水晶白大理石、蜘蛛玉大理石、红龙玉大理石、梅尔斯金大理石、木饰面等

设计说明

傍水而居，和山水融为一体，在喧嚣的闹市中清幽自得，在含蓄、节制的空间中屏蔽干扰，让心灵真正的得以升华。

是白，是黑，是节制，也是浮夸；是静，是动，是和谐，也是矛盾。6 米高的挑空玄关，泼洒下 1000 多颗璀璨的金属雨滴。流韵点金是浮夸的，更是震撼的。《见南山》边柜上的中式摆物是寂静的；红色花器里悄然窜起的龙柳是躁动的……这深深浅浅的矛盾与道要每一位缘者细细的品鉴。

围合式的家庭厅带着独特气韵和生命灵性。中式禅意与西洋玩物的碰撞，逸趣横生；敦实的布艺沙发与纤细的传世家具相得益彰；天花的艺术吊灯与高低错落的茶几相互呼应，如同休止符，欲言又止。将视野延伸到窗景外，满眼的草木绿意，在宁静与虚实间塑造出清雅意境。

流年似水，静候每个寂静清晨，被倾洒进来的晨光唤醒。

墨色似烟雾缭绕，被阳光拨开，无需多余的笔墨，缘者便能了悟当中的意境。

雪梅化作白色的涟漪，漂浮起舞在水面上。缘者揣一颗平常心，从容淡然地闲庭信步，时而看世间风轻雨淡，时而三五知己高谈理想。

风与声的交汇，青葱绿意，潺潺流水，平静中蕴含着空灵。与风景融为一体，感受精神的力量。

一剪寒枝，期待与缘者的一次邂逅。

笔墨深浅，寂寥无声，运用留白艺术，将空白延伸扩展，勾勒山水意境。

运用构成的设计手法，屏风分隔了两个空间，同时又融合了它们。是动，是静，是矛盾。绢布上若隐若现的红梅与茶桌上挑出的罗汉松，是对比，又是和谐。在如此一个充满了矛盾的和谐空间里，寻找心之所向。

对称式布局的会客厅融汇了设计师的大胆塑造。复杂而隆重的天花纹样、简洁现代的艺术云灯；湖水蓝与落日橙的搭配；中式纹理搭配现代的家具等等。用不拘一格的西方审美营造静谧的东方美学。正如在喧嚣处寻觅逸趣风雅，怡然自得。

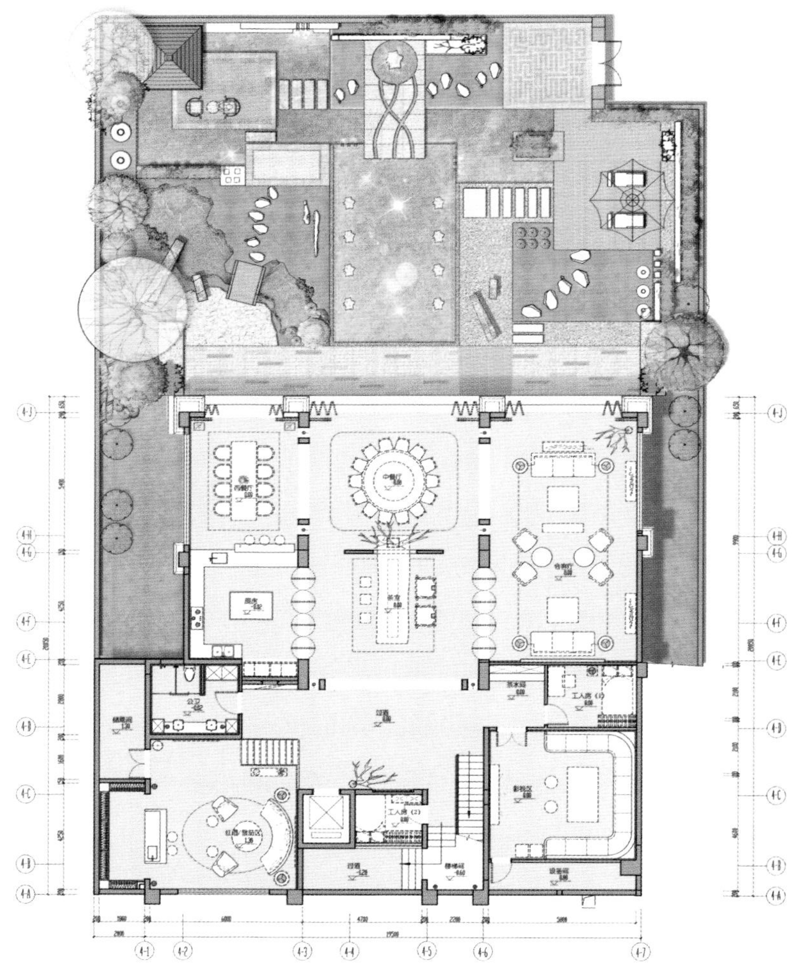

负一层平面布置图

色彩搭配：
对比色彩携手新中式点亮家居

流行不断推陈出新，唯有中式风格依然历久弥新，在色彩的选择上除了经典的木色，橘黄色和蓝色的闪耀出场最是吸引人。孔雀蓝色的沙发坐垫搭配同色系普蓝色、藏蓝色的靠枕，湖蓝色绣花图案点缀其中。橘黄色长型沙发与之对应，也与稍暗一度的土黄色单人沙发相互映衬，共谱一曲华丽恋歌。

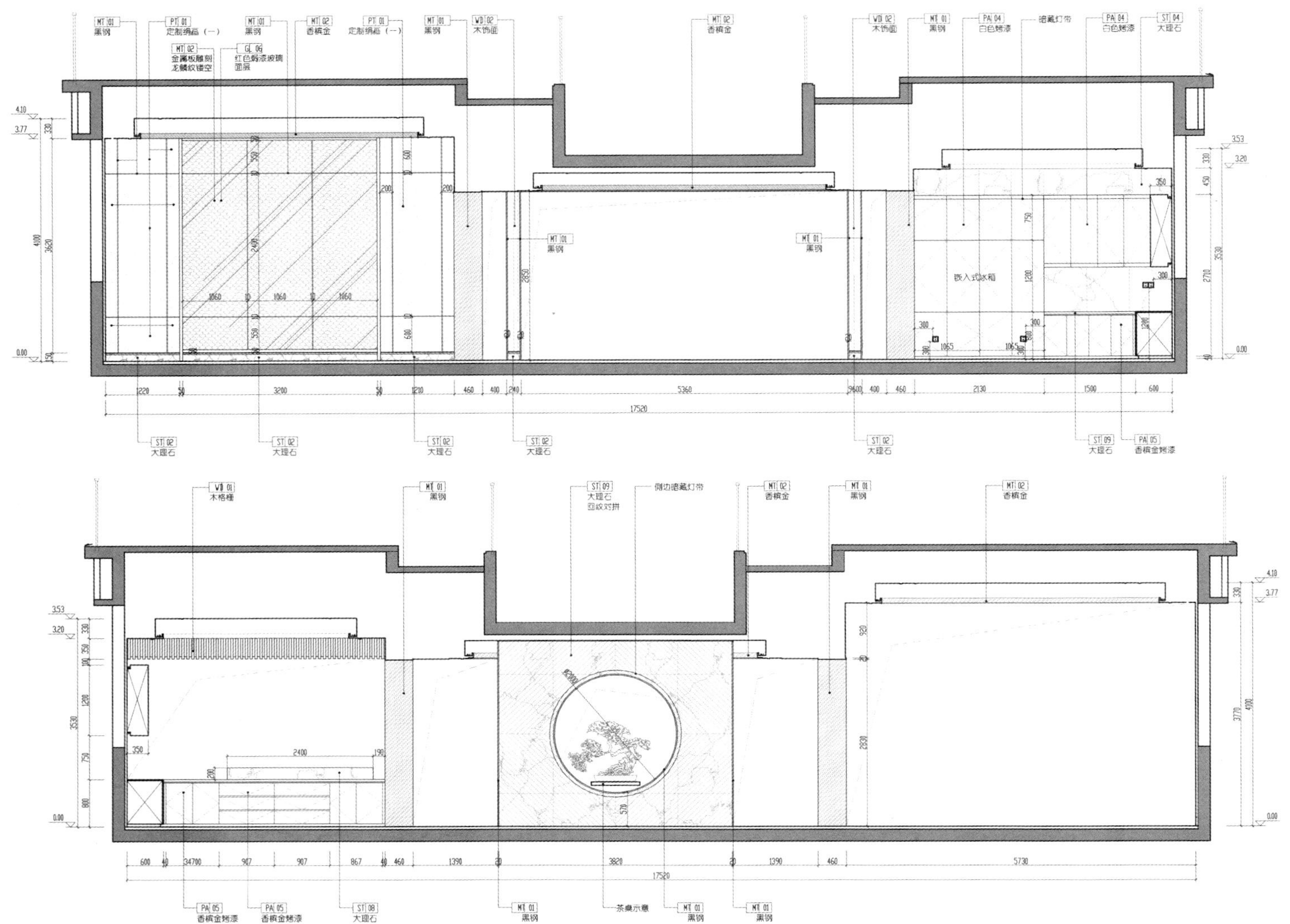

会客厅及餐厅立面图

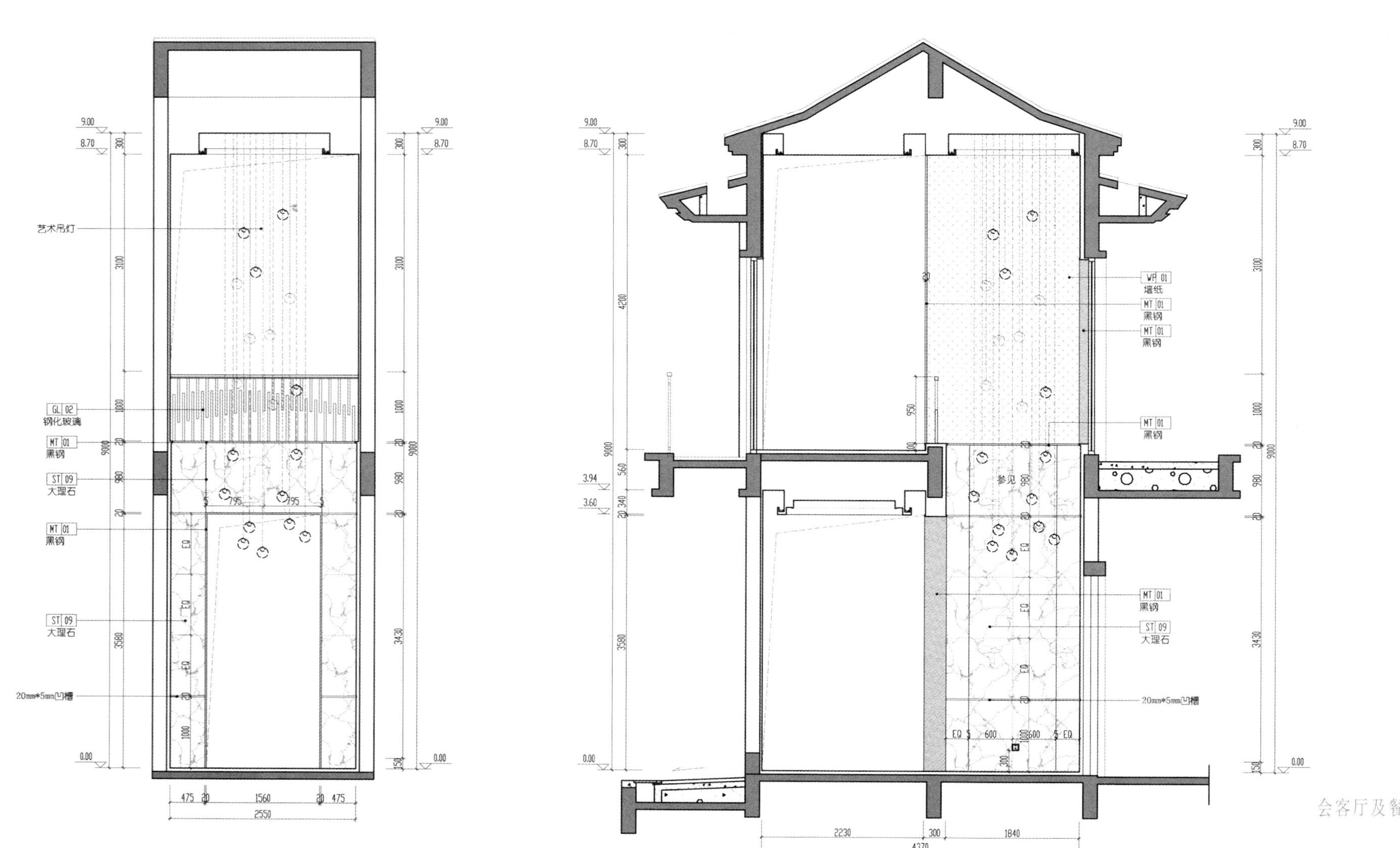

会客厅及餐厅立面图

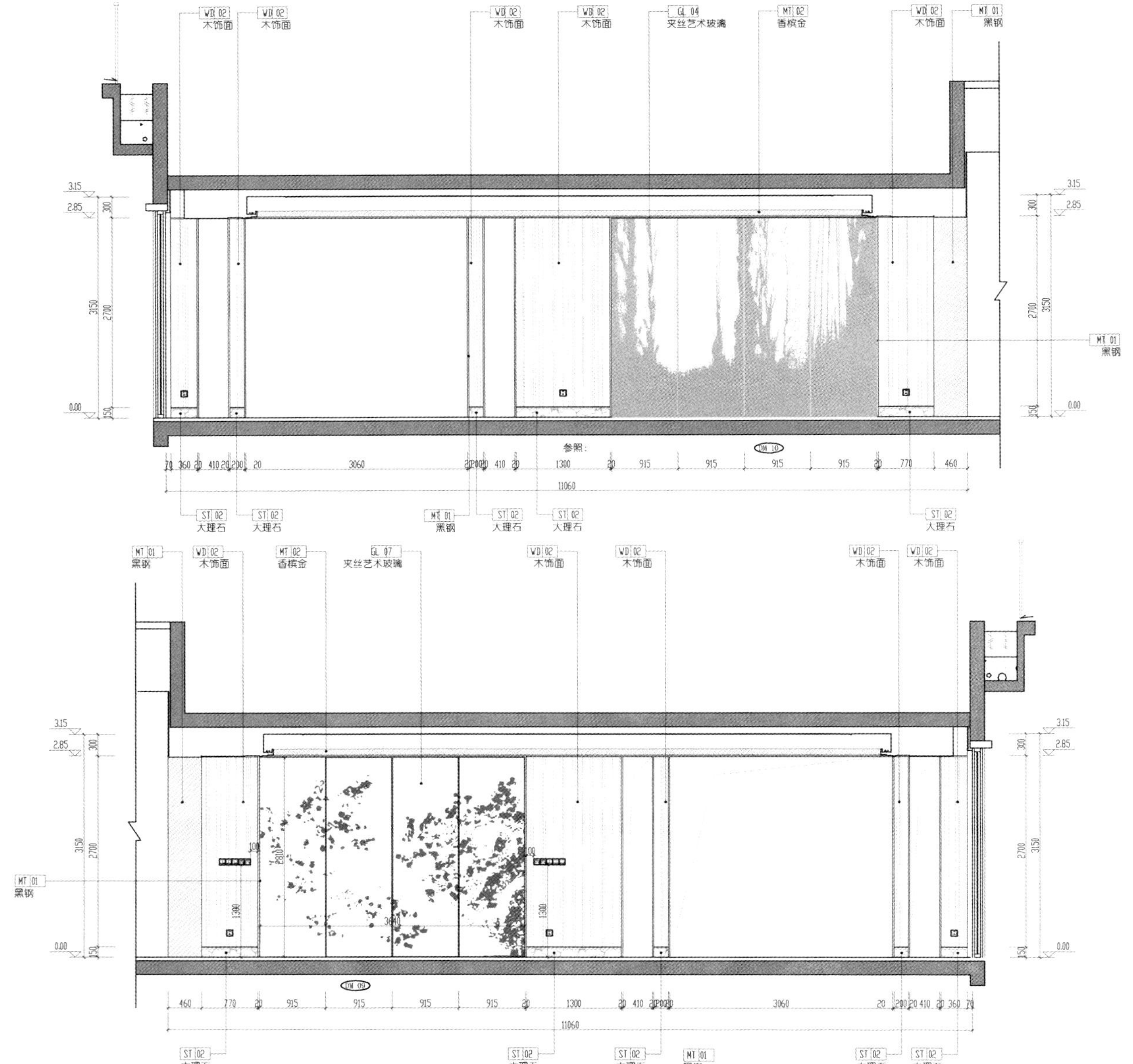

中餐厅及茶室立面图

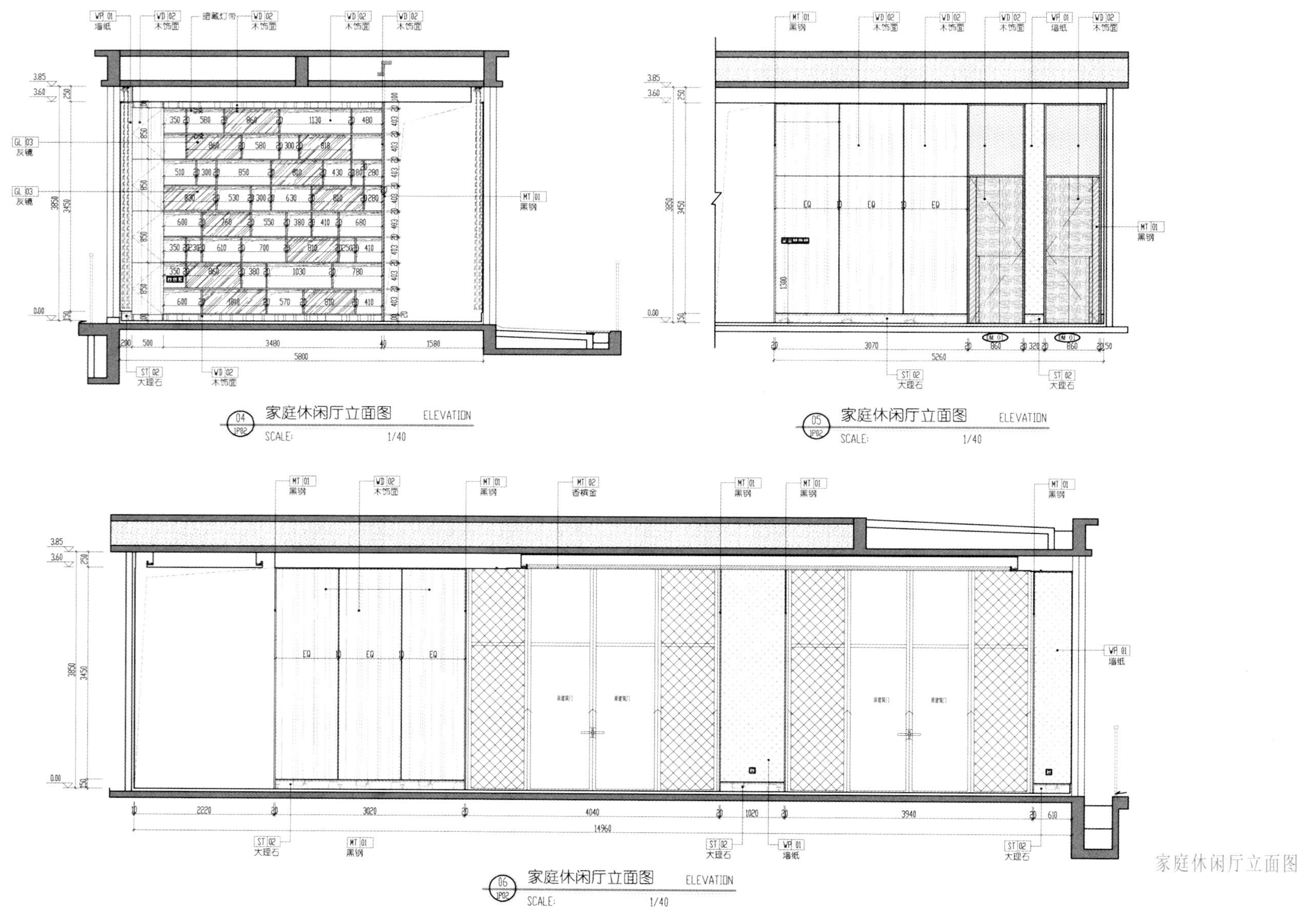

家庭休闲厅立面图

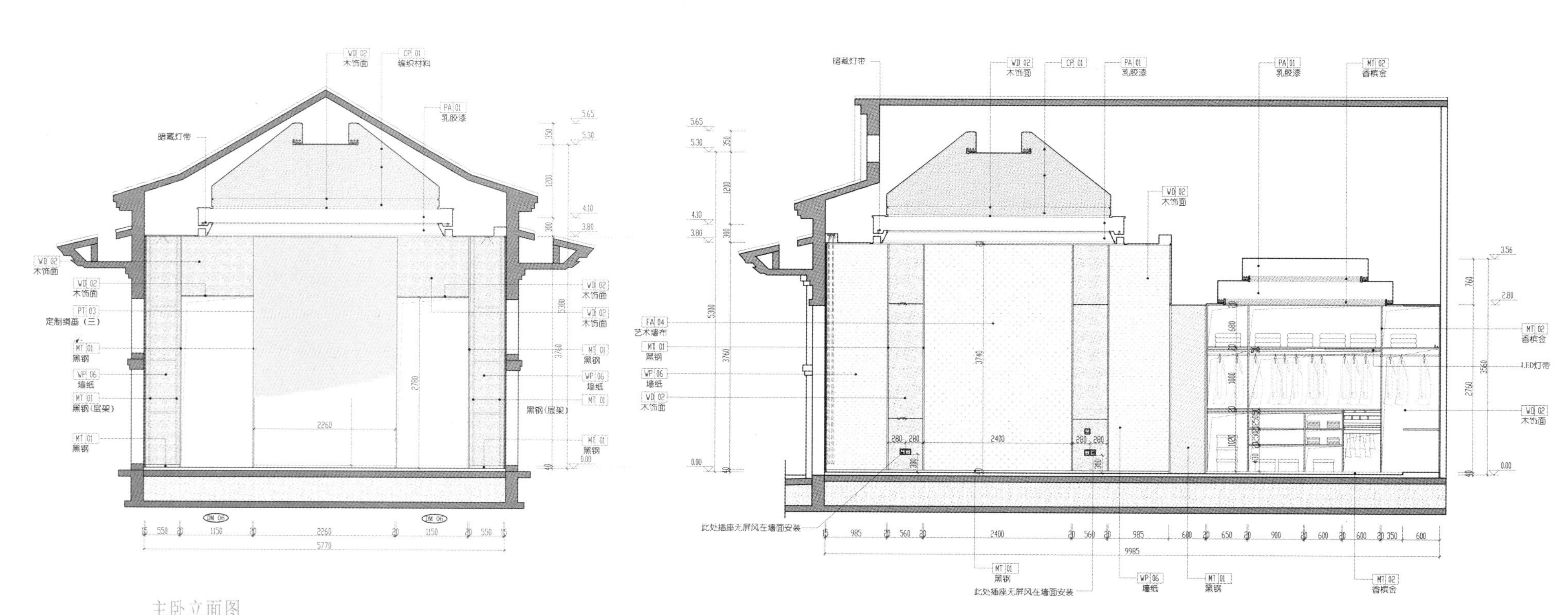

主卧立面图

EMPIRE OF THE CLOUDS

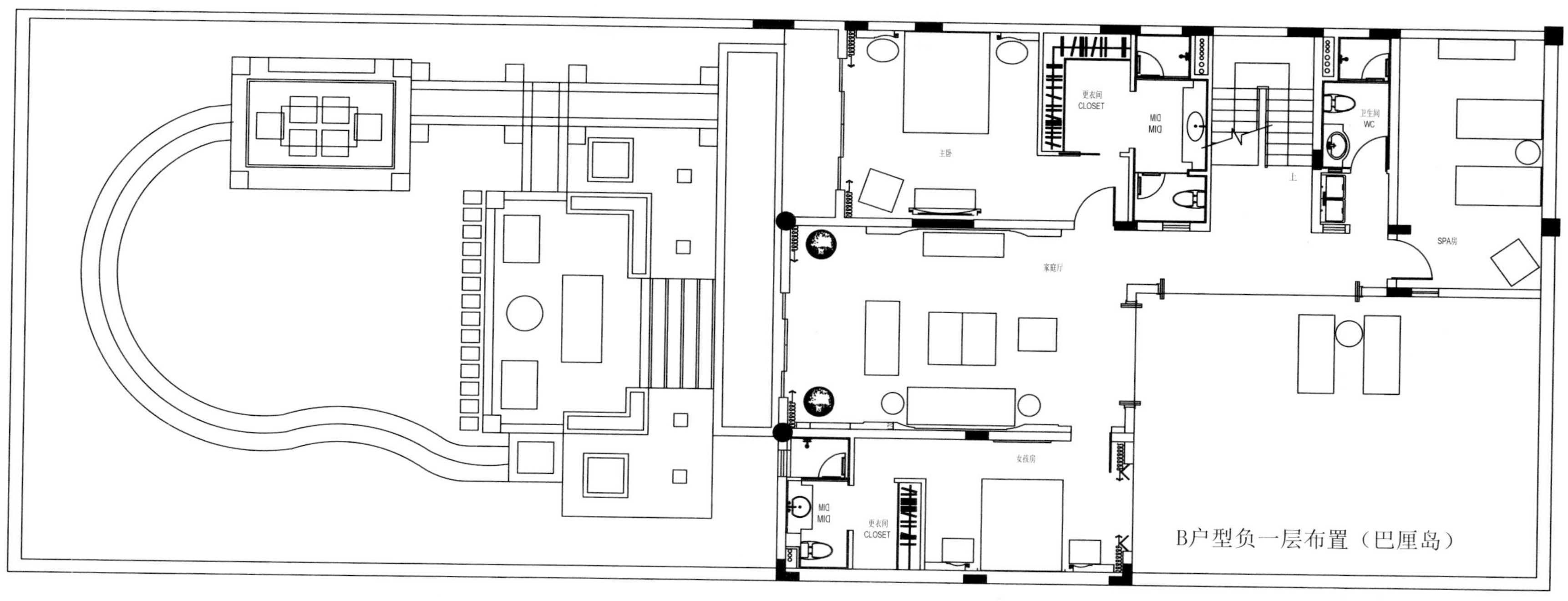

地下一层平面图

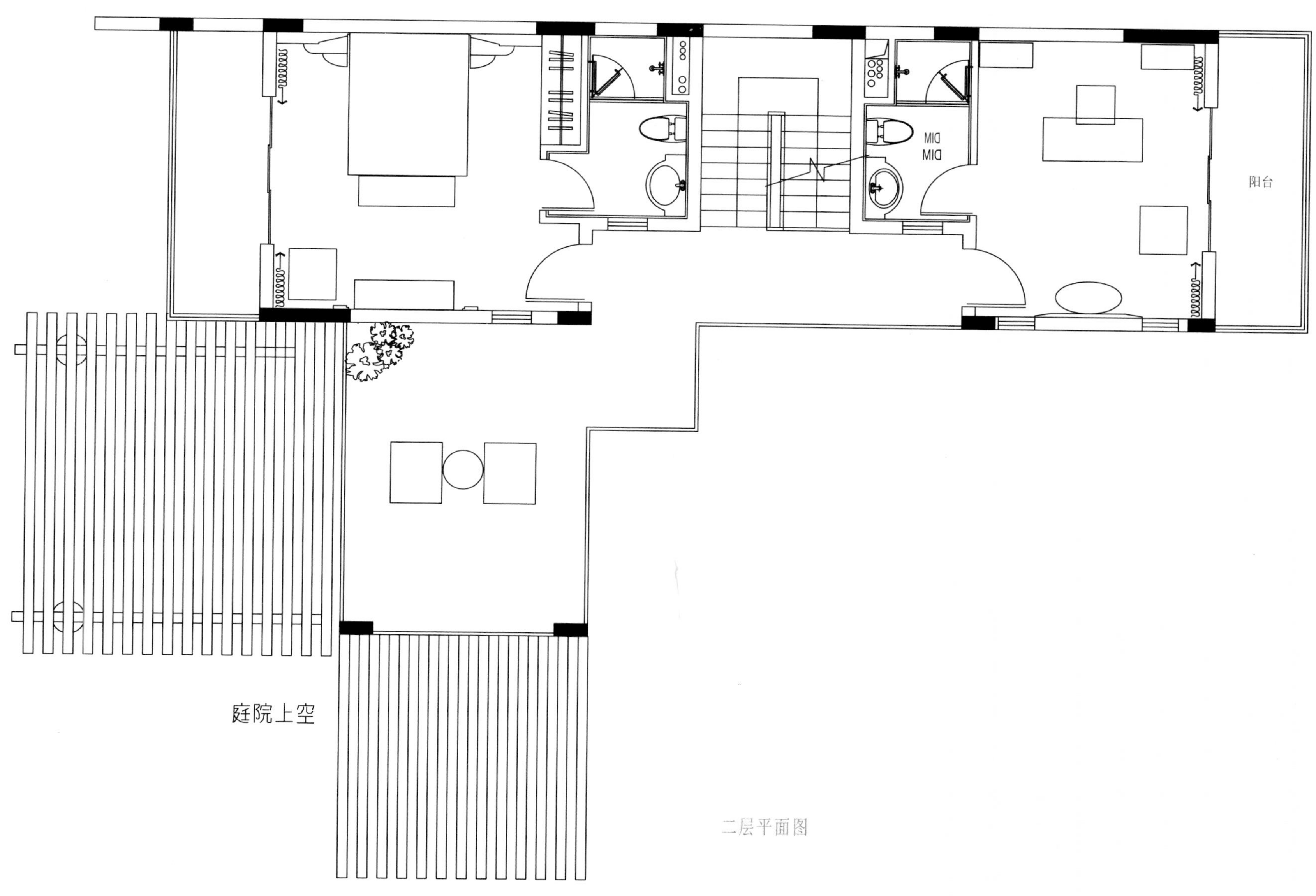

二层平面图

设计说明

巴厘岛人的生活遵循印度教教义，因此会常常与神交流。他们认为神居住在山上，魔鬼住在水下，而庙宇是人和神相聚的场所。因此巴厘岛上的每一所居所都带有家族神庙，每一座村庄都至少有三座庙宇，因此也有人将巴厘岛称为万庙之岛。

巴厘岛上每一天都有某个角落在庆祝节日，所有的节日都有着共同的目的：取悦神灵和安抚恶魔。人们会盛装舞蹈，欢快地庆祝节日。

巴厘岛也是印尼手工艺术品的盛产地，木雕是其中的佼佼者，工艺品主题以印度教神话人物及传统居民的生活风貌为主，取材于田园风光和传统自然的生活习俗，具有浓厚的地方特色。而本案中也撷取其中优秀的木雕元素，运用于空间的配饰陈设中，令空间中呈现浓郁的巴厘岛热带风情。

家具选择：热带风情的藤艺家具

凌乱的编织纹样的仿生沙发，四个椅脚让坐具更像隐藏树枝间的小鸟巢，茶几像是一款用藤编织成一个圆形包覆的鸟巢，栩栩如生而又不失实用舒适。而在另一侧的客厅中则摆放了造型简单，编织线条规则的藤艺家具，较之传统的款式更为清爽，为家居带来淡淡的文艺气息。将其放在线条简约的居室空间内，繁简的反差营造出一种另类的设计感。

灯具选择：
灯饰酝酿异域风情

两个书房空间分别悬挂不同造型的灯具，金属线条缠绕而成的球状造型仿佛一朵抽象的绣球花，内置的长形灯泡恰似簇拥的花蕊，充分地展现了灯光的通透感。打开书房的空间层次，从窗外由近及远的渐层光影变化，让我们不仅看到了日光的清爽，还有家的温暖。另一方面，注重手工工艺的藤器灯饰加上染色工艺，仍然保留原汁原味的天然特性。摆放在书房中营造静谧的气氛，透射出仿佛带有哲理的光辉，让空间禅味十足。

色彩搭配：热情点燃卧室氛围

布艺色调选用东南亚风格标志性的炫色系列，且在光线下会变色，在沉稳中透着一点贵气。卧室空间以素净淡雅的白色为主，而紫红色的大胆加入让卧室的气氛随之热烈起来，花色窗帘和抱枕图案鲜活有趣，床被的彩虹多色渐变款式刻画出极具生命活力的室内气氛，自然温馨中不失热情华丽。

深圳市世纪方圆设计工程有限公司 设计作品

EXOTIC SPACE WITH TROPICAL STYLE

热带风情的异域空间

项目名称：滇池高尔夫．玉龙湾二期翠堤溪谷—B1户型 地点：云南 面积：478 ㎡

设计师：陈赞、裴佳 摄影：张骑麟

色彩搭配：异域风情色调打造度假状态

在极具度假氛围的空间，采用富有异国情调的色彩，主要采用白茶色、大麦色调，加上棕褐色木质，营造出淡雅宁静的居住感受，客厅的用色尤为让人印象深刻，胡桃木原木色的家具，象牙白色的棉麻材料沙发面料，搭配一整层排列的木质书架，给予空间流动、通透的气息；在地毯的色泽选择上，注入竹月色和橙色的渐变色调和摩洛哥风情的图案，在空间铺展开来，酝酿着生动而具有流水般的气韵，同时地毯的色彩也与沙发抱枕相互呼应，散发光泽的孔雀蓝、酒红、金色更让空间具有热带风情。

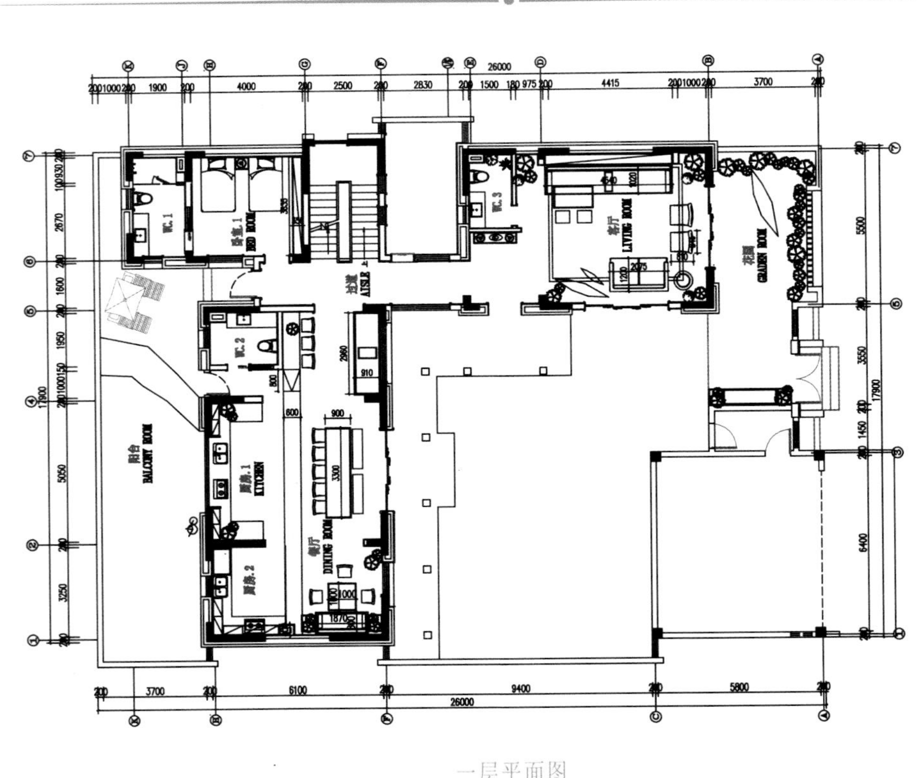

一层平面图

主要材料：橡木地板、橡木饰面、硅藻泥、棉麻布、雕花板

细节配饰：异国风味的配饰独具味道

整体空间呈现出一份安宁、清朗的度假气息，移步易景，每一个角落都有让人惊喜的却又让人心生宁静的饰品，整体空间充满了各种各样的异国元素及宗教色彩，原始部落色彩的木雕上、雕刻精致的纹理，多种元素堆叠在一起，并不会显得累赘，反而让人觉得清新宜人，眼前一亮；从饰品的原始元素，到地面繁复拼花地板，从精致的陶瓷摆件，到木雕佛像，让空间变成遗世独立的桃花源。

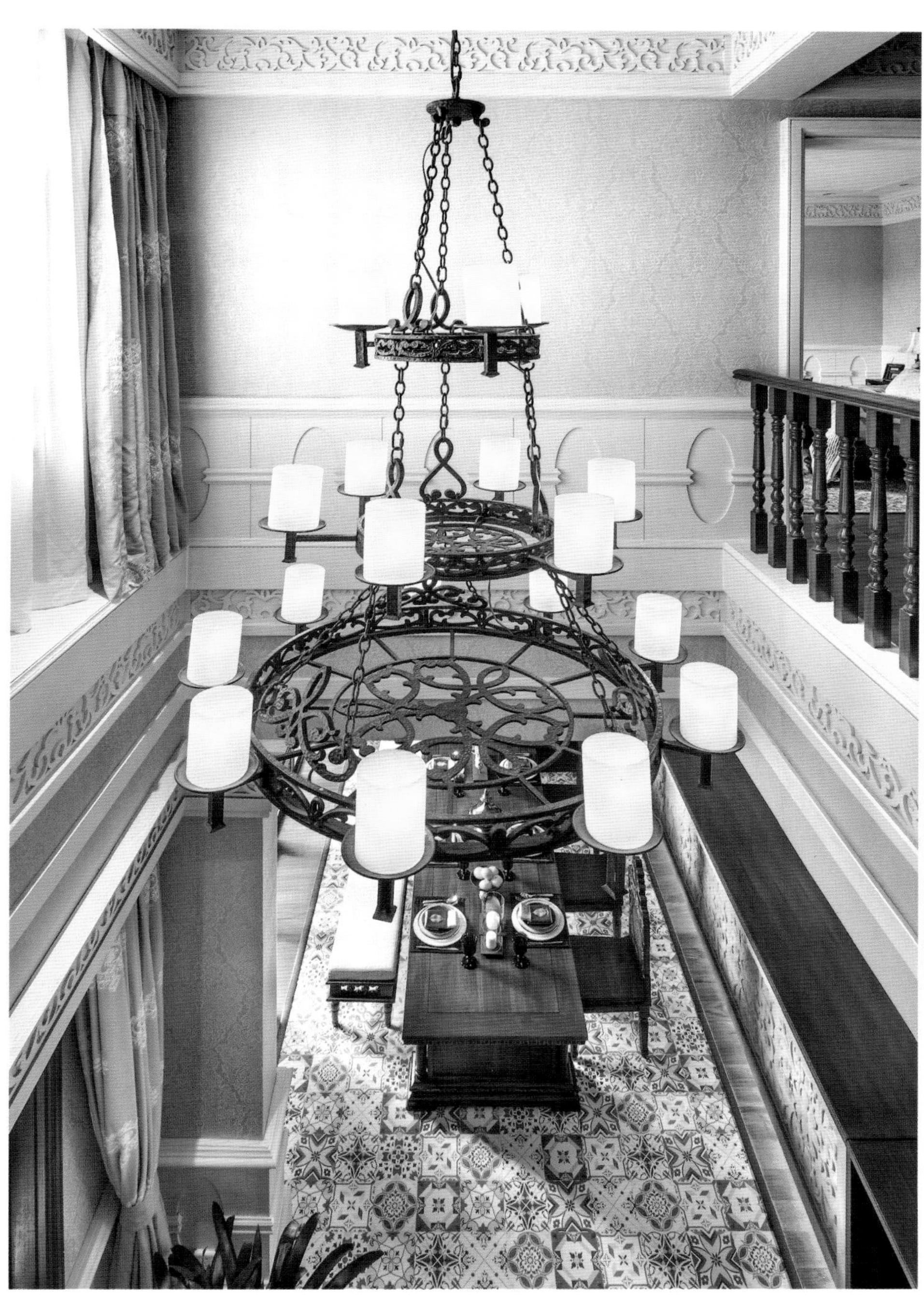

设计说明

泰式度假风，异域风情

泰式度假风格别墅以传统的泰式家居风格 + 民族特色装饰 + 休闲度假的定位营造出一个感官强烈的空间效果，它可以是静谧安逸的，也可以是欢闹跳跃的。墙面以淡雅的绿色为主调、白色的墙裙和深色的实木相结合使空间显得沉稳雅致，华丽的地砖以及繁复的顶棚角线又让空间浓郁和灵动。

东南亚地区湿热富饶，植被丰沛，使得东南亚民族自上而下皆崇尚自然，热带雨林孕育着这片土地，孕育出具有民族特色的民风习俗。在高速发展的今日，似乎只有不遗忘、不亵渎大自然才是人类最好的归宿。

在这个度假待客为主的空间里，四处洋溢着热带风情的热情闲适，我们希望能抛开都市的凡尘琐事，筑一处身心放松的场所。一层客厅空间休闲随意，锡器和木雕工艺品等低调地烘托着空间的异国氛围，如护国神灵般伟大而静谧地独守一处，守护大地的一切生灵。宽敞通透的厨房和餐厅，提供了完美的烹饪和聚餐空间，蓝色花砖使得整个空间具有浓烈的异域风情，繁复的雕花家具和木刻工艺品以及精细搭配的饰品，体现着主人的好客之情和高端品位。整个别墅低调但细腻地点缀着每个空间、每个角落，来自泰国手艺人的每一件摆设饰品都卓尔不凡，虽看似质朴但透露出手艺人虔诚的心力。二层走道的临窗休闲茶室让客人们有各自的休息空间又可小聚。三层的主卧空间，私密却沿袭整个空间的东南亚休闲度假气息，雅致、韵味。

我们好似穿越到一个热带丛林里的古国，丛林深处有一所古宅，宅中有一位热情的主人看守并精心照料着宅邸，用丰盛的食物、古老的故事招待心灵迷失的人们，待小憩一番再次启程。

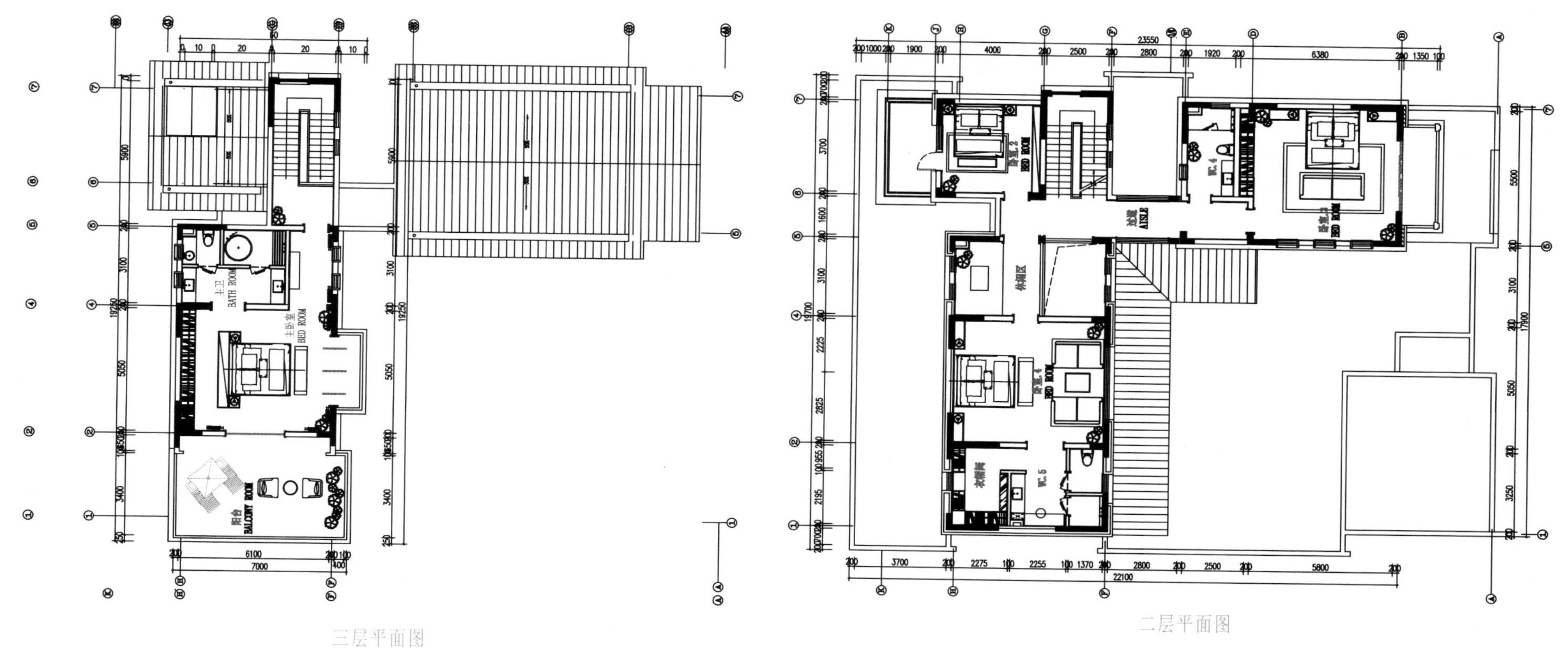
三层平面图 二层平面图

布艺设计：极简主义布艺营造空间的层次

整体的家具风格十分具有前卫气质，高光漆面、皮质面料，并不复杂的造型，使得家具在大气中带有一种东方的气度和西方的探索精神，使得整体空间具有一种中西合璧的视觉冲击。同时，家具与空间完美融合，将空间的低调奢华气质演绎得淋漓尽致，虽然家具十分出彩，但在空间里并不会显得过于喧嚣，无论从色彩还是从造型，都为空间增色不少，并突显空间的主导地位，两者结合得天衣无缝。

家具选择：原木异域风情的家具

空间的家具选择极具特色，原木风情的家具，精细的雕刻，带有东南亚风情的尖塔佛寺造型，古旧的质感，给人以宁静祥和的感受，让人如同生活在海岛一样。家具给予人的感觉，更像是从世界各处淘过来的，每一件仿佛带着一段动人的故事，散发着迷人的古典气息。而空间中的配饰和墙面上异域风情的抽象画，以及桌面的饰品，又形成对家具的点缀，色彩环环相扣，如同小说般的编织，让人流连忘返。

广州市雅媞饰家装饰工程有限公司 设计作品

PURE, FRESH MANSION, RETURNING TO NATURAL COLOR

清新大宅 回归自然色彩

项目名称：绿地悦澜湾二期园景别墅 地点：海南 面积：250 ㎡

设计师：黄岱崇、周秀美

软装布艺：布艺巧用色彩、风格完美兼容

居室设计的整体色泽保持在中低明度之间，在布艺色调的选用上，东南亚风格标志性的艳丽色彩往往将明度降低，用上一些湖蓝或者橄榄绿作为色彩点缀，明艳不失温暖，又在沉稳中透着一丝贵气。再在局部搭配绣花图案，丝绸的柔滑质感亲和力极强，且在光线下产生微妙的偏光色彩，令整个居室的气氛鲜活起来。

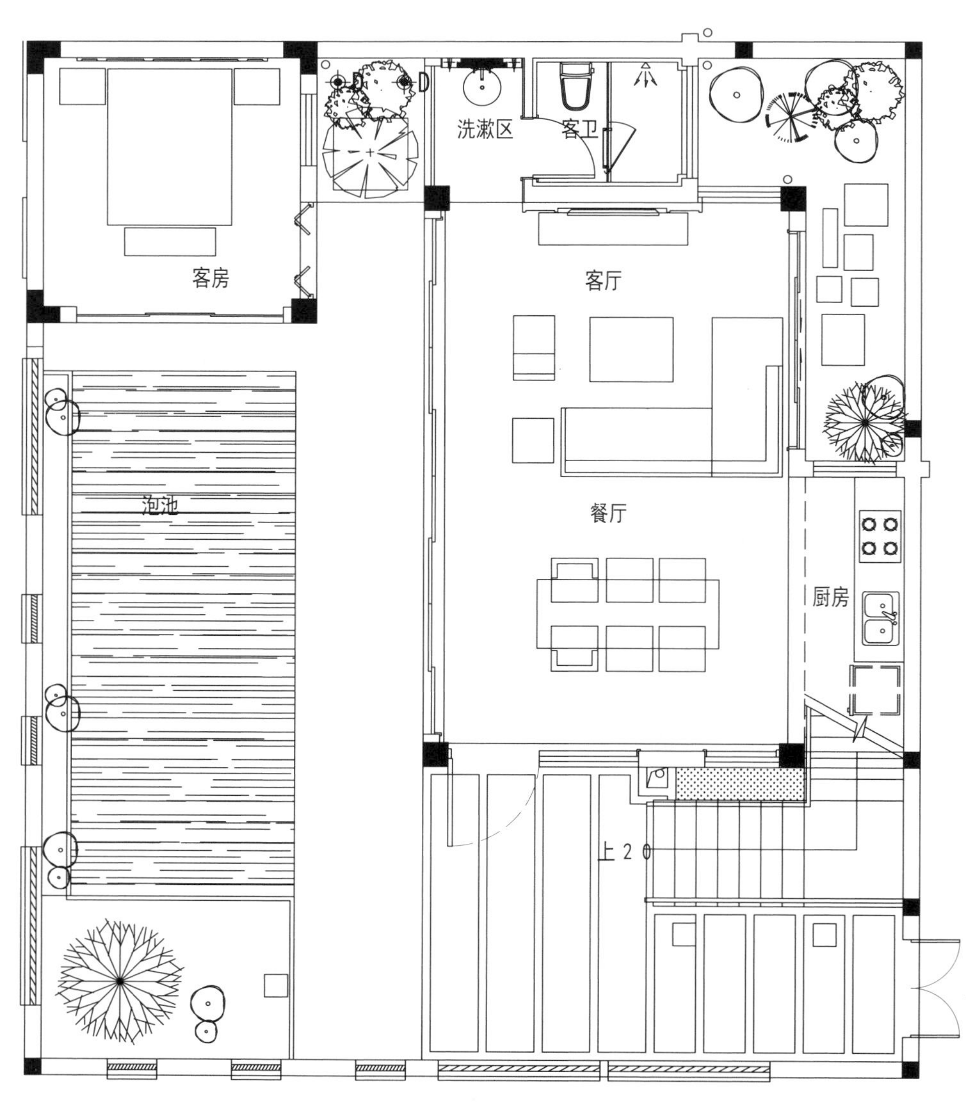

一层平面图

设计说明

本案为东南亚风格，通过各种东南亚元素完美地展示其悠闲、静谧与雅致的气氛。家具以原木色为主色调，简练的线条，配合别致的藤编工艺，以及具有欧式点睛之笔的细节和清爽宜人的海滨元素，令人感受到浓郁的东南亚岛屿特色及人文艺术情调。

挂画上也运用具有民族特色的主题，令空间耳目一新；在饰品上也选择了热带风情的饰品作为点缀，与挂画、家具完美融合，呈现出一个温馨、精致具有文化品质的东南亚风情别墅空间。

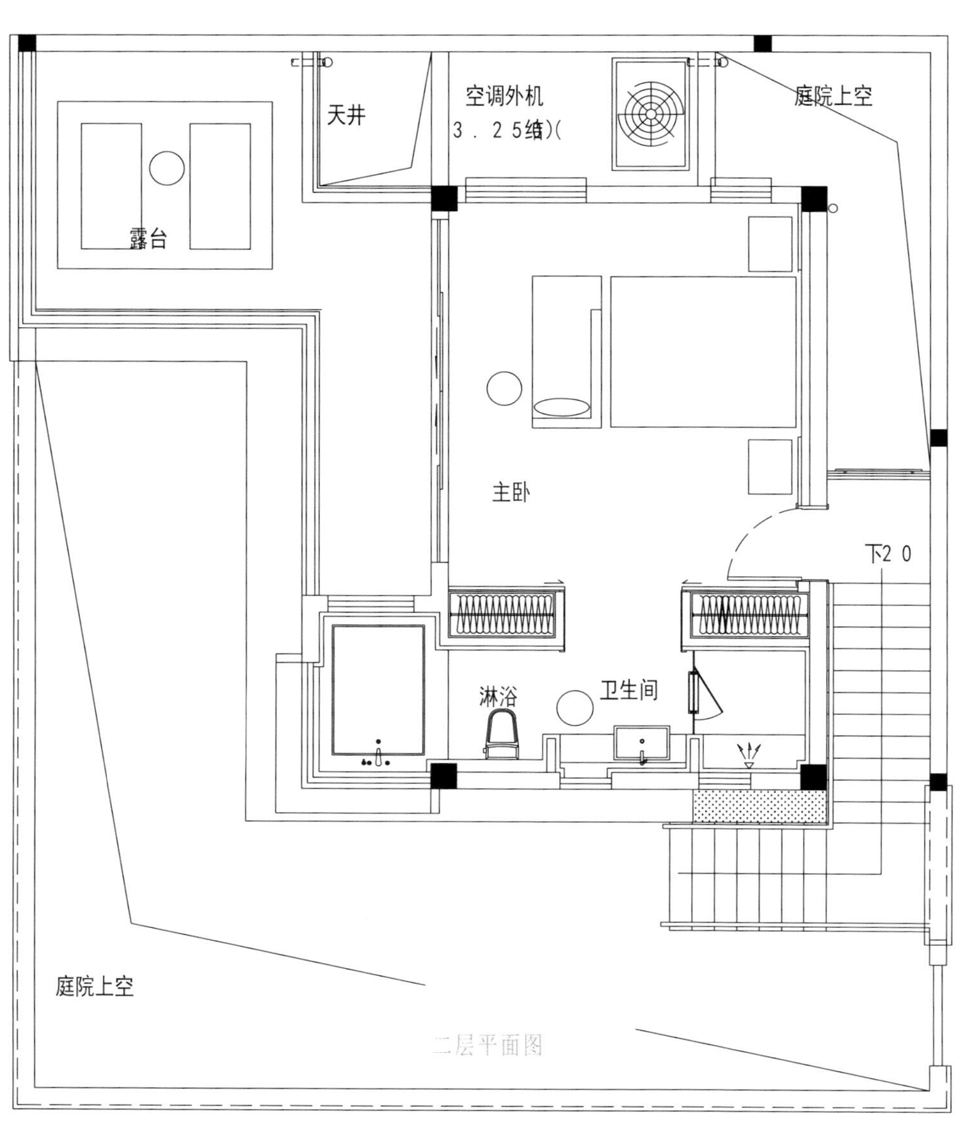
天井
空调外机
3．25结)(
庭院上空
露台
主卧
下20
淋浴
卫生间
庭院上空
二层平面图

家具选择：
源自大自然的家具设计

在家具配置上，选用了木材和竹篾编织结合的家具，其取材自然，原汁原味，力求表现材质的原始之美。整张餐桌以及椅子的框架使用柚木，靠背、扶手、椅面则使用轻巧透气的竹篾编织。简约凝练的家具线条、稳重的木色调、细密交织的竹篾，以简化设计取代古典的繁复，更具自然舒适性。而橱柜的设计更是稳重凝练，在挡板的饰面上添加白色大理石作装饰，让整个空间设计有焕然一新的感觉。

陈设配饰：
来自东南亚的灵感装饰

卧室配饰的选择上，在迎合现代审美观的同时，也散发着自然古朴的气息。床靠背简洁的弯曲镂空装饰，打破视觉上的厚重感，营造清凉、舒适的感觉。而床头上方的墙面悬挂木雕装饰，如同层叠的莲叶，深浅的木色搭配，形成地道的东南亚味道。另一边的圆形手工木刻浮雕融入粗犷的原始设计感，精致的花形纹样蕴含深刻的地域文化，突显热带风情。床头柜上低调的牛角装饰，让人感受到东南亚民族对生命的敬畏，潜移默化间将居住者带入平和、舒缓的意境中。

广州道胜设计有限公司 设计作品

MODERN, DIGNIFIED VILLA SIMPLIFYING HARD THINGS

化繁为简的现代大气别墅

项目名称：保利阳江北洛湾别墅 C1 户型 项目地址：广东 项目面积：310 ㎡

主持设计师：何永明 摄影师： 彭宇宪

软装布艺：轻盈窗帘保持视野通透

通透的客厅融贯三面之风，独坐于沙发上也能全身心地感受大自然的气息，当穿堂风吹过，室内动静之美便在此融汇并存。灰白互搭的窗帘组合沿着窗边逐渐渲染开来，还与缎面靠枕、毛线小毯的色彩形成呼应。白色半透明的窗帘半掩着落地窗，遮挡了一部分的光线，为人们展现着室外的明媚与惬意。

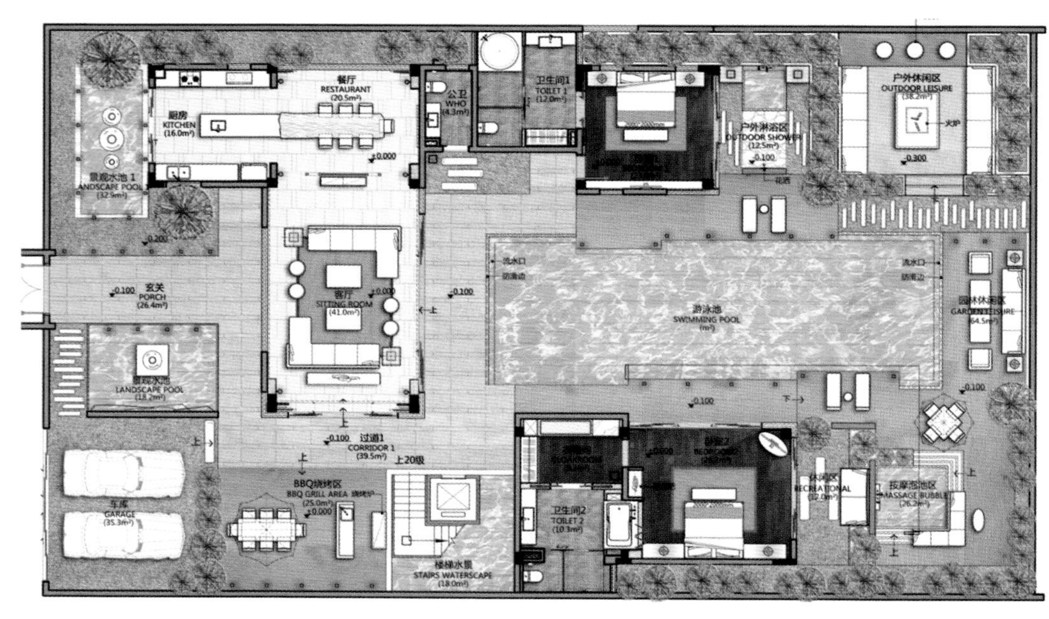

一层平面图

主要材料：奈高斯白大理石、柏斯高灰大理石、贵州灰大理石、冰花白玉兰大理石、香妃白玉大理石、白洞石大理石、壁纸、白橡木直纹、白杨木直纹、白色烤漆、钛金不锈钢镜面、古铜不锈钢、夹丝玻璃、重竹地板、珍珠色艺术涂料

设计说明

东南亚风格一直注重手工工艺而拒绝同质的乏味，在盛夏给人们带来异域风雅的气息。该度假别墅分布合理，平面布置独具个性，顺着路径进入花园，面对一方碧绿的露天泳池和室外的大海，达到一种和谐的“共生”。

建筑顶部结构暴露不仅体现了一种秩序美，同时也是向往自然心迹的流露，客厅的双层挑空彰显了空间的大气与优雅，金属材质的大吊灯及落地灯，提升了空间的品质感，木格栅的运用结合了光影的变化，使居宅内散发着淡淡的温馨与悠悠的禅韵。

色彩元素

该作品以宗教色彩中浓郁的深色系为主色调，给人沉稳大气的感觉，褐色与深色家具散发出强烈的自然气息，摒弃了复杂的装饰线条，取而代之的是简单、整洁的造型，极具异域风情的泰式抱枕是沙发和床最好的装饰，悬挂于床架上的白幔随风飘舞的姿态，让整个空间有种轻盈慵懒的华丽感。

空间中将东南亚崇尚自然的属性通过实木与藤条来表达，给视觉带来厚重感，而现代生活需要清新和质朴来调和，整个空间蕴藏着一股难以言明的空间气息，或东方、或异域，但远离喧嚣，回归自然，里外一致，置身于谧。

元素细节演绎：东方元素装饰大气雅居

以中式意象作为空间的风格表达，从传统的建筑形态、门窗装饰中提炼独特的东方元素，结合平面直线的意态性质，在会客区的顶棚中，以富有变化的线条勾勒出屋顶的轮廓，设计出以块面为形的屏风作为空间分隔，加以工整细致的雕花装饰，衬托出柱面的精致。中式沉稳的对称式布局，搭配形影相间的气氛意境，演绎出具有东方特色的情调，营造一方宁静淡泊的生活意境。

色彩搭配：木色生香、沉稳韵味

不惑之年就像人生，在浓墨重彩之后，渐渐地形成一幅淡墨写意的风景。设计师为主人营造的挑空客厅以沉稳的木色作为主打，辅以深棕偏黑的淳厚低调色彩，中央以较浅的桌面横跨而过，原木纹理清晰可见，典雅丰润的色彩打造出儒雅文艺的东方神韵，再通过大量的空间留白处理，似是低吟浅唱着清雅之风。

家具选择：明式家具的极简之魅

床的造型灵感来源于明式架子床，造型上简化了传统家具繁复的设计，仅保留简约笔直的四方床柱，融入现代元素，使得家具线条更加圆润流畅，历久不衰的造型设计符合时下的极简主义风潮。配合可拉起的白纱窗幔绕营造清幽气氛，给人一种大院深闺的感觉。床尾沙发和小茶几的放置仍然延续明式设计，散发出宁静平和的氛围，经得起时间淬炼的质感与品位。清晨醒来缓缓地舒展筋骨，再泡上一杯热茶，就足以让人气定神闲。